黄河泥沙
对砷污染物的吸附规律
及动力学模拟研究

李海华　应一梅　著

中国水利水电出版社
www.waterpub.com.cn
·北京·

内 容 提 要

本书是对黄河中下游泥沙吸附重金属 As 污染物研究的相关成果的总结,共分 9 章。以郑州市黄河水源地作为研究对象,将黄河地表水和深井侧渗水作为试验原水,围绕黄河泥沙对 As 污染物的吸附规律和动力学特性开展研究,研究了温度、pH 值、初始 As 污染物浓度、泥沙粒径及振速对吸附的影响规律;在此基础上研究了最佳条件下共存离子 Fe^{3+} 和 Mn^{2+} 对泥沙吸附砷污染物的吸附机理和吸附特征,揭示了黄河水沙两相体系中 As 污染物的迁移转化机制,为制定合理的黄河 As 污染防治对策提供科学依据。

本书可供水文水资源、环境等相关领域的科研人员及高等院校师生参考。

图书在版编目(CIP)数据

黄河泥沙对砷污染物的吸附规律及动力学模拟研究 /
李海华,应一梅著. -- 北京 : 中国水利水电出版社,
2018.11
ISBN 978-7-5170-7107-5

Ⅰ. ①黄… Ⅱ. ①李… ②应… Ⅲ. ①黄河-河流泥
沙-作用-砷-水污染-污染防治 Ⅳ. ①X522.06

中国版本图书馆CIP数据核字(2018)第249560号

书　　名	黄河泥沙对砷污染物的吸附规律及动力学模拟研究 HUANGHE NISHA DUI SHEN WURANWU DE XIFU GUILÜ JI DONGLIXUE MONI YANJIU
作　　者	李海华　应一梅　著
出版发行	中国水利水电出版社 (北京市海淀区玉渊潭南路 1 号 D 座　100038) 网址:www.waterpub.com.cn E-mail:sales@waterpub.com.cn 电话:(010) 68367658 (营销中心)
经　　售	北京科水图书销售中心 (零售) 电话:(010) 88383994、63202643、68545874 全国各地新华书店和相关出版物销售网点
排　　版	中国水利水电出版社微机排版中心
印　　刷	北京市密东印刷有限公司
规　　格	170mm×240mm　16 开本　9.5 印张　181 千字
版　　次	2018 年 11 月第 1 版　2018 年 11 月第 1 次印刷
印　　数	0001—1000 册
定　　价	**45.00 元**

凡购买我社图书,如有缺页、倒页、脱页的,本社营销中心负责调换
版权所有·侵权必究

◉ 前 言

　　黄河是我国西北、华北地区的重要水源，它仅以 2％的径流量，向全国接近 15％的耕地供水，同时还是全国约 12％的人口的饮用水源，其水质安全关系重大。但是，伴随着黄河两岸经济的快速发展，黄河水体及沉积于底泥中的砷（As）的污染较为突出。砷是作为一种非金属元素，因其在环境效应中具有金属性质，所以经常被作为类金属元素，被列入一类污染物，成为人类重点防治的有毒元素黑名单之首。环境泥沙具有巨大的比表面积，且其表面存在有多种活性物质，能够与重金属（含类重金属）污染物发生表面结合或者络合作用，为重金属在水体中迁移、转化和扩散提供了有效的载体，对重金属污染物在水体环境中的存在价位、转化行为及水环境容量产生影响。因此，有必要结合水-沙特点，开展基于环境泥沙重金属迁移-转化规律研究，并在此基础上提出相应的砷污染防治对策。

　　本书主要基于国家自然科学基金重大项目（编号：51190093）、国家自然科学基金项目（编号：51409104）、河南省科技攻关项目（编号：132102110185）及华北水利水电大学高层次人才科研启动项目（编号：201610020）的开展，在研究泥沙级配和紊动条件对 As 吸附影响规律的基础上，以紊动条件下的黄河细沙为研究对象，研究了温度、pH 值、初始 As 污染物浓度、泥沙粒径及振速对吸附的影响，并研究了共存离子 Fe^{3+} 和 Mn^{2+} 对泥沙吸附砷的吸附特征的影响。在此基础上，研究黄河细沙对黄河两个水源地（黄河地表水水源地和黄河深井侧渗水水源地）原水中 As 的吸附动力学规律和吸附表征，探讨了吸附机理。

　　本书主要成果包括 5 个部分：①黄河泥沙级配和紊动条件对 As 的吸附影响及动力学模拟：确定泥沙级配对吸附的影响，以及不同级配泥沙的平衡吸附时间，在此基础上确定紊动条件对吸附的影响；②黄河细沙对砷的平衡吸附试验研究：研究了最佳的细沙吸附条件以及在最佳吸附条件下，温度、pH 值、初始污染物浓度、泥沙粒径、振速等对泥沙吸附效果的影响；③Fe^{3+}、Mn^{2+} 共存时细沙吸附 As 试验研究；④黄河水源地泥沙吸附 As 研究；⑤泥沙颗粒吸附 As 微观形貌变化及表面特性研究。

本书共分为 9 章。第 1 章、第 4 章、第 5 章、第 6 章、第 7 章由李海华教授撰写，第 2 章、第 3 章由应一梅副教授撰写。第 8 章、第 9 章由李海华、应一梅撰写。全书由李海华统稿。本书在完成过程中，研究生付莹莹、金艳艳、邢静、闫维凤、梁倩、张桂炜、鄂正阳、陈洁等为本书试验的完成做了大量工作，也为本书的修订统稿提供了大力支持。本书完成过程中，得到了西安理工大学黄强教授、华北水利水电大学邱林教授、陈南祥教授的悉心指导，在此表示感谢。

本书涉及水利、环境、生态等多学科内容，对一些领域的研究认识水平有限，书中不妥之处在所难免，敬请广大读者批评指正。

作者

2018 年 9 月

● 目　录

第1章

绪　　论

 ### 1.1　研究背景

黄河流经 9 省（自治区），是我国西北、华北地区的重要水源[1]。它仅以 2％的径流量，向全国接近 15％的耕地供水，同时还是全国约 12％的人口的饮用水源[2]。作为沿黄城市的重要饮用水源，其水质安全关系重大。但是伴随着黄河两岸经济的快速发展，各种化工、造纸、纺织、冶炼、玻璃、选矿、制革等工业点源废水的不断排入和农业面源污染形势的严峻，黄河水体重金属超标现象时有发生。排放的各种重金属元素主要分布于水体和沉积于底泥中，特定条件下还会释放出来重新进入水体，导致水质恶化，且具有长期的风险。这些污染因子中，砷（As）的污染较为突出。砷作为一种非金属元素，因其在环境效应中具有金属性质，所以经常被作为类金属元素、准金属元素对待。尤其是它对人体的毒性以及它在环境中的迁移转化规律与重金属类似，所以在环境科学研究中，根据《污水综合排放标准》（GB 8978）中的污染物分类标准，砷被列入第一类污染物，成为人类重点防治的有毒元素黑名单之首[3]。在自然界中，砷常常以有机砷和无机砷两种形式存在，其中无机砷的毒性大于有

机砷[4,5]。

　　泥沙颗粒具有巨大的比表面积，且其表面存在有多种活性物质，能够与重金属（含类重金属）污染物发生表面结合或者络合作用[6]。泥沙的存在为重金属在水体中迁移、转化和扩散提供了有效的载体，对重金属污染物在水体环境中的存在价态、转化行为及水环境容量产生影响[7,8]。重金属在水沙系统中不断地进行迁移和转化，吸附于泥沙中的重金属能够随泥沙移动或沉入底泥中，受水动力因素的影响，泥沙中原来吸附的重金属重新释放进入水体中，直接造成水质的超标，能够通过生物富集作用长期富集于各种水生生物体中，损害整个生物系统[9]。因此，研究作为重金属的共同载体水沙系统，能够在一定范围内了解其他污染物在水沙两相中迁移转化的规律。

　　日本和欧洲发达国家饮用水中砷的最大限值为 $10\mu g/L$ 的标准，美国从 2006 年所有地区均强制实行饮用水的砷浓度最高限值为 $10\mu g/L$ 的标准[10]，而我国自 2007 年 7 月 1 日实施的《生活饮用水卫生标准》（GB 5749—2006）也将饮用水中砷的标准限值从之前的 $0.05mg/L$ 降低到 $0.01mg/L$。我国现行的《地表水环境质量标准》（GB 3838—2002）中规定，地表水中 I、II、III 类水体中砷含量限值为 $0.05mg/L$ [11,12]。

　　黄河作为郑州市重要的饮用水源，其水质安全关系到整个城市的根本。自 2006 年《生活饮用水卫生标准》颁布以来，各自来水厂均非常关注 As 达标问题。尤其是作为郑东新区水源地的东周水厂，其水源为黄河深井侧渗水，经过黄河深层泥沙后的侧渗水 As 的浓度往往要高于地表水中浓度，给水厂出水达标带来了较大的压力。基于这种现状，本书以郑州市黄河水源地作为研究对象，围绕黄河泥沙对 As 污染物的吸附规律开展研究，并将黄河地表水和深井侧渗水作为试验原水进行探索，旨在揭示黄河细沙对 As 的吸附规律，为黄河水源地 As 污染治理及预防提供理论依据和技术支撑。

1.2　国内外研究进展

1.2.1　黄河泥沙吸附特性研究

　　河流泥沙是将地球化学元素由陆地向海洋输送的重要载体，是河流水生物的重要食物来源，是水环境的重要组成部分[9,13]。泥沙对河流水环境和水质具有"两重性"[14,15]：一方面，河流泥沙本身作为水体污染物和污染物载体，是水体较难控制的面源污染[16]；另一方面，泥沙颗粒具有较大的比表面积，颗粒表面具有很多活性物质，通过吸附作用有效地降低水体中污染物（如重金属、有毒有机物）的浓度，并在很大程度上影响污染物在水体中的污染特点、时空分布规律及污染物的迁移转化规律等[13]。

黄河是罕有的多沙河流，《2014 年黄河泥沙公报》显示，1950—2014 年黄河干流各水文站的多年平均含沙量如图 1.1 所示。其中河南河段各水文站的多年平均含沙量为：三门峡 6kg/m³、小浪底 1.21kg/m³、花园口 1.41kg/m³、高村 2.60kg/m³、艾山 3.20kg/m³、利津 2.63kg/m³。2014 年最大含沙量为：三门峡 340kg/m³、小浪底 69.4kg/m³、花园口 21.6kg/m³、高村 22.3kg/m³、艾山 24.1kg/m³、利津 19.6kg/m³。

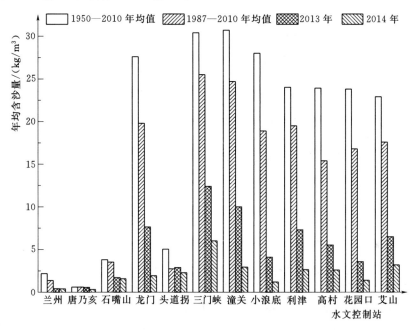

图 1.1　1950—2014 年黄河干流各水文站的多年平均含沙量

大量泥沙的存在使得黄河在形态上与其他河流有着显著的差异。同时，由于泥沙的存在，影响了水质中各种成分尤其是重金属成分的吸附和解吸。因此，深入研究黄河泥沙吸附特性对有机污染物及重金属污染物迁移转化的影响具有重要意义。

1. 黄河泥沙理化性质

通常的河流泥沙理化性质研究涉及水文学、泥沙运动学和水化学等交叉学科[17]。通常所指的天然沙即自然界的泥沙，一般包括河流中的悬沙、床沙和陆地的风沙。天然沙的特性往往因河流的水文地质条件的不同而有差异。黄河泥沙主要来源于黄河中游地区的黄土高坡的冲刷。因此，黄河中游悬浮泥沙的矿物组成、粒度组成和各种有机质含量往往与黄河中游地区的黄土具有极大的相似性[18]。刘东生[19,20]研究发现：黄河中游黄土高坡土壤来源基本相同，地质活动中受相同的地质营力支配，所以与当地基岩性质没有直接的联系。依据黄土的这一特点，可以看出黄河中游各断面黄河泥沙的物理化学性质具有相当程度的均匀稳定性。

（1）黄河泥沙的颗粒级配。进入黄河河道的泥沙以悬移质为主，而推移质所占百分比很小[21]。黄河中游悬移质泥沙的粒度组成中，黏粒（<0.007mm）、粉粒（0.007～0.025mm）以及粉沙（0.025～0.05mm）三部分之和占 56.8%～71.4%，而大于 0.10mm 的沙粒仅占 3.7%～11%[13]。显然，黄河泥沙中绝大多数是较细粒的泥沙，并且泥沙粒径自西向东还有逐渐减小的趋势[1]。黄河花园口泥沙中 0.01～0.10mm 的泥沙占据 70.4%，小于 0.007mm 的黏粒占比19.6%。同时，随着河流区域性变化，悬移质泥沙颗粒级配的季节性变化十分明显，丰水期泥沙的粒径级配要明显小于枯水期的[13]。

（2）黄河泥沙的来源与矿物组成。黄河水体的泥沙主要来源于黄土高原的第四纪沉积物，其矿物成分类似黄河中游的黄土[18,21]。大量的研究数据表明，黄河泥沙主要由黏土矿物和非黏土矿物组成，且黄河各断面矿物质含量也在发生变化，会随黄河流域的分布走向而发生变化[22,23]。研究还发现，各矿物含量和河流中泥沙的粒径密切相关[24]。

（3）黄河泥沙的化学组成。黄河泥沙的化学组成与主要矿物成分和泥沙的粒度有关。因此，黄河泥沙的化学组成受黏土矿物的化学组成支配。黄河泥沙中化学成分主要为铝硅酸盐[18]，其他成分含量大致有如下规律：$CaO>Fe_2O_3>MgO>TiO_2>MnO$；微量元素的含量：$Zn>Cr>Ni>Cu>Pb>Co>Bi>Cd$[1]。

黄河泥沙主要来源于黄河中游黄土，其主要特征是富含碳酸钙（$CaCO_3$），$CaCO_3$ 的存在使得黄土具有特殊的结构和性质[17]。根据文献 [19]，黄土高原黄土中 $CaCO_3$ 含量为 9.85%～13.87%，比其他非黄土母质上发育的土壤中 $CaCO_3$ 含量要高得多[25]。与之密切相关的黄河泥沙中 $CaCO_3$ 含量为 10% 左右，比一般河流明显偏高[26]。

（4）黄河泥沙的有机质含量与 pH 值。黄河泥沙因源自黄土高坡，有机质含量范围为 0.14%～0.18%，极少情况下超过 1%。上游黄土一般为弱碱性，pH 值为 7.5～8.6，而黄河水体的 pH 值与黄土的 pH 值相吻合，一般也是7.5～8.5[19,20]。黄河泥沙化学组成与矿物组成关系密切，占比 8%～13% 的碳酸盐和占比 0.14%～0.18% 的有机质含量决定了黄河泥沙具有较大的 pH 值缓冲容量，能够保持黄河水相对稳定的弱碱性环境[27]。因此，黄河水质由于黄河泥沙的影响有与其他河流不同的特点，具有黄河泥沙所特有的环境特性。

（5）黄河泥沙的界面效应。黄河泥沙具有非常强烈的界面效应，泥沙颗粒具有大量的微观界面，泥沙颗粒的界面具有较强的吸附能力[28]，可以把水溶液中的微量或痕量物质吸附到其表面上。其中包括各种环境微污染物，如重金属、有毒化学品等。泥沙颗粒作为载体来吸附污染物，并在天然水体中随水流迁移输送到较远距离并沉积下来[29]。此外，微量物质被吸附于泥沙颗粒上使得颗粒的界面更易发生一些化学反应，有时甚至会起到一定的催化作用，让水体中一些难以进行的反应得以实现[30]。

（6）黄河泥沙的电化学特性。黄河泥沙的电化学特性十分明显，主要是由于泥沙内部矿物颗粒的晶格缺失和同晶置换使之带有永久电荷，而当固体颗粒的界面官能团和聚合电解质的可离解官能团在水溶液中发生质子迁移或其他连带的化学反应时，泥沙颗粒上就会生成随水溶液条件改变的电荷[1]。大多数泥沙颗粒都会因此带有一定的电荷，这是泥沙颗粒具有的基本特征。而当电荷的量累积到一定程度时，就会形成一个复杂的双电层结构，该结构会在一定的程度上影响泥沙颗粒本身的稳定性和颗粒之间的相互作用。如随着泥沙粒径的减小，其比表面积变大，泥沙所带的电荷量也会增多，进而提高了泥沙对水体中污染物的吸附作用，从而起到净化水体的作用。

由于泥沙所带电荷的原因致使其具有吸附作用，所以在泥沙吸附和解吸的过程中，更多表现出离子交换特性。这种交换能力的强弱主要取决于反应介质中离子价态和其相对浓度差，大致有如下顺序：$Fe^{3+} > Al^{3+} > H^+ > Hg^{2+} > K^+ > NH^{4+} > Na^+$[1]。当水体中有大量电解质存在时，水体电导率较高，导致泥沙中的化学离子浓度相对很高，此时于泥沙表面已被吸附的污染物能够因离子的交换作用被解吸出来，从而造成二次污染[31]。在水体中各种氧化还原反应和光化学反应、天然的络合物或合成的各种化合物的进入以及水体温度的变化等情况，也能破坏泥沙与污染物之间的吸附-解吸平衡[1]。氧化还原作用可能会改善水质，也有可能增加某些污染物的含量。水温的升高能够促进污染物降解，但也能使溶解氧含量降低，还会对水体生物产生危害。

2. 黄河泥沙吸附特性

一般来讲，表面形态凹凸不平的固体颗粒都具有一定的吸附能力。在含有泥沙的水体中，泥沙颗粒作为吸附剂，对应的污染物就是吸附质。泥沙颗粒与被吸附对象之间发生的吸附作用主要有两种：物理吸附作用和化学吸附作用。一般而言，物理吸附主要是通过吸附质和吸附剂表面分子之间的范德华力发生的物理性作用而吸附，根本原因是由于吸附剂具有巨大的比表面积和表面能；化学吸附是水相中离子通过化学键与固体颗粒发生结合，或者是带电荷的颗粒表面吸附了水相中相反极性的离子而发生的吸附[6]。

在水环境系统中，泥沙通过对污染物的吸附与解吸，直接影响着污染物在水固两相间的赋存状态[32]。同时，泥沙在水体中的运动状态也会直接影响到污染物的存在形式。因此，泥沙与水流共同成为污染物的主要载体，影响着污染物在水体中的迁移转化，从而影响着水生态环境的状态。进入水环境中的污染物主要以溶解态（水相）和吸附态（固相）两种形式存在。大部分污染物会被吸附到水中悬浮泥沙上，并随同泥沙颗粒一起运动或沉积在河流底部，可以在一定时间内减少水相中污染物浓度，起到改善水质、净化水体的作用；同时，当水体环境条件如pH值、污染物浓度、温度、盐度等条件或是水动力如水体流速、泥沙运动状态等发生变化时，原有的吸附平衡状态被破坏，吸附在泥沙颗粒上的污染物可以从吸附态转化为溶解态，沉积物会在一定水流作用下发生冲刷和再悬浮，这时大量的污染物会被释放出来，造成水体的二次污染[33]。

（1）黄河泥沙对有毒有机污染物的吸附特性。由于水体中大部分有毒有害有机物具有难降解性，近年来，对含沙水体中有毒有害污染物的迁移转化的研究越来越受重视，且通过试验和实体观测都证明了河流中悬浮泥沙和底泥都有降低水体中微量有机物的作用[34]。尹艳华等[35]通过静态吸附试验，研究了黄河泥沙对有机污染物硝基氯苯的吸附特性及影响因素，试验结果表明，初始浓度、含沙量、pH值及温度等均对硝基氯苯吸附量有一定影响。当吸附处于平衡状态时，硝基氯苯的浓度越高，泥沙吸附量越大；含沙量越高，吸附量越大；在含沙量较高的条件下，泥沙的吸附作用不受温度的影响；在含沙量较低的条件下，吸附量随温度的升高先减少后增加。胡国华等[34]通过模拟试验研究了黄河泥沙对石油类有机污染物的吸附规律，研究发现泥沙对石油类污染物的吸附速度很快，约半小时就可以达到平衡。泥沙对石油污染物的吸附量随温度的增加而降低。孟丽红等[36]通过模拟试验研究了黄河泥沙对多环芳烃的吸附特性，探讨表面吸附和分配作用对吸附的贡献，结果表明，黄河泥沙对多环芳烃的吸附以表面吸附为主，且随着泥沙含量增加，表面吸附对总吸附的贡献有减少的趋势。

（2）黄河泥沙对重金属的吸附特性。泥沙对水体中重金属的影响及其环境效应研究，一直受到不同领域研究者的关注[37-40]。重金属在水沙体系中的行为相对来说比有毒有机物要简单，主要是由于泥沙表面对重金属的物理化学吸附作用。在多泥沙河流中，由于泥沙对重金属污染物存在吸附作用，使得进入水体中的重金属污染物大部分被泥沙吸附，并随之迁移，所以泥沙成为多泥沙河流中重金属等污染物的重要归宿。1981年对美国和欧洲中部受污染河流的一项监测[41]结果显示，河流泥沙颗粒物中所吸附的重金属量占河流重金属总量的70%以上。

目前有关泥沙对重金属的吸附作用主要集中在细沙对重金属的吸附特性以及解吸特性两个方面，也有部分研究探讨了泥沙吸附重金属的影响因素。如贾晓凤等[42]研究了黄河泥沙与重金属污染物的相互作用，得出：具有较大比表面积的细颗粒泥沙具有较强的吸附能力，水体pH值的越大，泥沙对重金属的吸附量也大。黄岁梁等[43]研究了不同粒径泥沙单独存在时所表现出的吸附能力及吸附速率，结果表明：泥沙粒径越大，泥沙的吸附速率反而越小；不同粒径泥沙对重金属污染物的吸附量和吸附速率取决于吸附活性含量；泥沙颗粒组成成分中有机质含量越高，泥沙对污染物的吸附量越大。赵蓉等[44]以黄河中游泥沙和Cu^{2+}为研究对象，研究黄河中游泥沙在含量较高的条件下对Cu^{2+}的吸附特性，研究发现黄河中游泥沙对Cu^{2+}具有很强的吸附能力，且体系pH值和泥沙理化性质对吸附具有很大的影响。在泥沙含量较高的条件下，单位吸附量随泥沙含量变化符合"泥沙效应"规律。

（3）黄河泥沙对氮磷的吸附特性。在天然水体中，氮磷的迁移转化过程主要包括水生植物对氮磷的吸收利用以及释放、微生物代谢对氮磷的降解利用、水体颗粒物质对氮磷的吸附解吸以及以水流和泥沙为载体随水流的迁移等。

在磷类污染物方面，研究证明水体中泥沙对磷有吸附作用，能有效降低水相中磷的浓度[45]。李北罡等[46]对黄河中下游10种不同表层沉积物对磷酸盐的吸附动力学及影响因素研究中得出结论：磷酸盐初始浓度和沉积物浓度均会对磷酸盐的吸附动力学产生影响；吸附量随磷酸盐初始浓度的增大而增大，随黄河沉积物质量浓度增大而减小。

有关氮类污染物方面，多是针对氨氮物质的研究。如武福平等[47]通过试验研究了黄河兰州段不同粒径的悬浮泥沙对氨氮的吸附行为及影响因素，试验结果表明：不同粒径泥沙的吸附动力学和等温吸附过程可以通过准二级动力学方程和Langmuir模型来描述；含沙量对泥沙吸附氨氮具有显著影响，吸附量和平衡时间与含沙量呈明显负相关性；吸附量和平衡时间与氨氮初始浓度呈正相关；泥沙颗粒粒径越小，对氨氮的吸附能力越强，吸附容量越大；泥沙中有机质、Fe_2O_3、Al_2O_3和MgO的含量随粒径减小而增大。泥沙的吸附作用在黄河兰州段水质自净过程中起着一定的促进作用。

1.2.2　重金属砷的去除方法研究

由于砷（As）污染形势的严峻性，对降低高砷饮用水中砷含量方法的研究就显得非常重要[48-50]。目前除砷方法主要有氧化与共沉淀法、吸附-过滤法、离子交换法、膜分离技术[51-55]。

1. 氧化与共沉淀法

氧化与共沉淀法是常见的一种重金属去除方法，通常采用氧化预处理将金属氧化为高价态，然后加入碱性物质，进而结合成共沉淀法从而除砷[56-58]。工业上氧化共沉淀除砷通常用氧化剂（过氧化氢、臭氧、氧气、液氯、高锰酸盐、次氯酸盐）把As^{3+}氧化为最高价As^{5+}，As^{5+}较As^{3+}更易发生沉淀作用。在水处理工艺中通常可以在混凝沉淀工艺环节中实现部分的共沉淀法除砷，即依托投加入水中的混凝剂，水解生成不溶于水的高分子聚合体，吸附水中的各种价态砷化合物，吸附后与悬浮物质发生絮凝作用，然后重力沉淀分离进入污泥中。

2. 吸附-过滤法

该法主要是利用各种天然和人工合成的吸附剂巨大的比表面积或吸附基团的强大吸附作用吸附含砷的化合物，充分吸附后通过滤膜过滤去除[59]。常见的吸附剂有：铁铝氧化物、活性明矾、活性炭、各种阴阳离子树脂、有机聚合体、高岭土、石英砂、水合氧化钛晶体、铈铁双金属氧化物、稀土元素以及各种天然矿物。吸附剂除砷是一种高效的方法，缺点就是吸附剂的更换会产生新的污染，再生成本较高[60]。

3. 离子交换法

离子交换法是一种高效的除砷方法。刘瑞霞等[61]制备了一种对砷酸根离子具有较高吸附容量和较快吸附速度的新型离子交换纤维。胡天觉等[62]合成制备了一种对 As（Ⅲ）离子高效选择性吸附的螯合离子交换树脂，而且离子交换柱用氢氧化钠（含 5％硫氢化钠）作洗脱液洗涤，可完全回收 As（Ⅲ），使树脂再生。同时，离子交换法也因投资高、操作复杂、原水含盐量高时需预处理、产生再生废水等不足，限制了其应用的广泛性。

4. 膜分离技术

膜分离过程是通过膜对混合物中各组分选择渗透作用的差异，以外界能量或化学位差为推动力对双组分或多组分液体进行分类、分级、提纯和富集的方法[63]。膜过滤法对砷的去除可分为两类，一类为利用传统的膜物理截留作用，结合混凝反应[3]、氧化反应形成的砷絮体，通过物理截留实现砷的去除。所涉及的膜种类有微滤（MF）、超滤（UF）[64]、纳滤（NF）[65]和反渗透（RO）[66-71]。进行反渗透或膜过滤之前，要根据原水的水质状况，考虑和实行对原水的预处理，以防止反渗透或膜过滤过程中会对膜造成污染。另一类为膜蒸馏（MD）技术[72]，该法对水中 As（Ⅲ）及 As（Ⅴ）具有超强的去除能力，但对两者的去除能力存在差异，且需要对原水进行加热。膜技术虽然能严格地达到去砷标准，但是操作及维护技术性高，费用较高。

通过以上比较可以看出，吸附是除砷方法中应用较广泛的一种方法[73-81]。固体颗粒吸附是自然界普遍存在的现象，比如固体表面对气体的吸附、河流泥沙对水体污染物的吸附、土壤对农药化肥的吸附等，泥沙吸附除砷研究成为了当今研究的热点。

1.2.3 泥沙吸附重金属研究

我国水环境正面临砷污染和泥沙灾害的问题[82,83]，泥沙作为一种天然吸附剂成为去除水体中重金属砷的重要物质。研究数据表明，水体中的重金属污染物约有 60%～90%分布在悬浮物内，沉积物中重金属浓度为水体中的 10000～15000 倍以上[84]。国内外已经有许多专家和学者在泥沙吸附重金属（Cu、Zn、Cr、Cd、Hg 等）方面取得了一定成果[85-91]。

1. 国外研究进展

20 世纪 70 年代以前，人们普遍将重金属在泥沙等沉积物上的吸附现象归为物理化学过程来处理。而 20 世纪 70 年代以后，有研究者提出了运用配位化学的方法来阐述水合氧化物型颗粒物分散稳定性中的专属吸附现象，指出颗粒物表面与溶液中金属离子的结合属于表面络合模式。

国外很多学者对重金属在泥沙上的吸附作用进行了研究：Duddridge J. E. 等[92]研究了不同河流泥沙对重金属的吸附作用，研究了用 Langmuir 和 Freundlich 等温式描述重金属吸附的可行性；Fagner Moreira de Oliveira 等[88]开展了泥沙对金属 Fe 和 Cd 的吸附研究，并证实两种金属的吸附曲线均符合 Langmuir 等温式；Leanne M. Fisher－Power 等[93]研究了浸出阳离子和天然有机质对天然泥沙吸附 Cu 和 Zn 的影响，试验表明，阳离子和溶解性有机质的浸出确实存在，并随 pH 值的变化而变化。Visual MINTEQ 模拟表明：溶出的阳离子分别大大减少了 pH 值＜6 时 Cu 的吸附量和 pH 值在 3～8 时 Zn 的吸附量。由于溶解性有机质对 Cu 和 Zn 亲和力的不同，研究发现：在 pH 值＞6 时，由于 Cu 与溶解性有机质水合物的形成减少了 Cu 的吸附量，在 pH 值为 4～7 时由于溶解性有机质与主要的阳离子形成水合物，减少了这些离子与 Zn 在泥沙上结合位点的竞争，从而增加了 Zn 的吸附量；Qiang Jin 等人[94]采用点位能量分布分析研究了不同温度条件下泥沙在对 Cu^{2+} 吸附过程中沙样表面的点位能量分布变化；Jih－Gaw Lin 和 Shen－Yi Chen[95]在探究河流泥沙对重金属吸附作用与泥沙中有机质含量关系时发现，泥沙对重金属的吸附能力顺序为 Cr＞Cu＞Pb＞Zn，并且泥沙对重金属的吸附能力与有机质含量呈现明显的正相关关系。

2. 国内研究进展

我国有关水环境中泥沙对重金属作用的研究，最初主要是集中在研究泥沙对重金属的吸附能力上。20 世纪 80 年代初，金相灿等[96]研究了黄河中游不同断面悬浮泥沙对 Cu^{2+}、Pb^{2+} 和 Zn^{2+} 的吸附能力，发现黄河泥沙对铅的吸附量较高；敖亮[97]等调查了三门峡库区泥沙中重金属含量和存在状态，泥沙中重金属 Cr、Ni、Cu、Zn、Cd 和 Pb 含量分别为 25.8～68.5mg/k、12.1～36.7mg/k、3.25～48.74mg/k、33.5～472.4mg/k、0.16～0.69mg/k 和 9.04～90.74mg/k。水库区悬浮泥沙对 Cu、Pb 和 Zn 同样具有较好的吸附能力，发现被吸附于泥沙之上的金属离子有 50%～70%与泥沙中的碳酸盐类结合，15％～33％与铁锰等氧化物结合。90 年代，有关黄河泥沙吸附重金属的研究更为全面，除了铜、铅、锌，围绕镉、锰与汞等，研究内容除研究不同吸附质的差别外，还研究了吸附剂浓度对吸附量的影响。

此外，有关泥沙对重金属的吸附研究同时围绕在不同污染物形态分布、泥沙特性和污染物特性对吸附作用的影响。1972 年以来，我国研究人员针对国内主要的河流、湖泊和河口重金属的污染状况进行了系统的调查研究，基本确定了泥沙吸附重金属的影响因素[98]。赵沛伦等[99]在研究黄河泥沙对重金属吸附作用时，考察了黄河水环境的泥沙浓度、污染物浓度、泥沙粒度、pH 值对重金属吸附作用的影响；高宏等[27]通过试验研究了环境中主要参数（泥沙浓度、污染物浓度、泥沙粒度、pH 值）对泥沙吸附、解吸重金属（Cu、Pb、Mn、Cd、Hg）作用的影响；李利民等[100]进行了泥沙对 Cr^{6+}、Cu^{2+}、Mu^{2+}、Cd^{2+} 的吸附特性试验及有机物、盐度和温度对吸附作用的影响试验；赵蓉等[44]在研究泥沙对 Cu^{2+} 吸持行为时发现，泥沙中碳酸盐是影响吸持的重要因素，被吸持的铜绝大部分与碳酸盐发生沉淀或共沉淀以碳酸盐结合态固定在泥沙上；路永正和阎百兴[101]研究发现，松花江沉积物对重金属离子的吸附能力顺序为 $Hg^{2+}>Cu^{2+}>Pb^{2+}>Zn^{2+}>Cd^{2+}$，吸附速率为 $Cd^{2+}>Zn^{2+}>Pb^{2+}>Cu^{2+}>Hg^{2+}$；而杨超等[102]在评价北运河表层沉积物对重金属 Cu、Pb、Zn 的吸附特性时发现，沉积物对重金属的吸附能力顺序为 Pb>Cu>Zn，并且发现去除有机质的沉积物对重金属的吸附能力与未去除的沉积物相比有显著降低；任加国和武倩倩[103,104]通过吸附动力学、吸附突越和吸附等温试验分别研究了黄河口海域和渤海湾北部海域沉积物粒度、吸附时间、pH 值和吸附质初始浓度对重金属 Cu^{2+} 和 Pb^{2+} 吸附作用的影响。

综上所述，虽然学者对重金属吸附研究开始的较早，研究成果也较为丰富[105-107]，然而极少有人关注泥沙对类金属的吸附作用。As 作为类重金属，其环境毒理性与重金属 Cr、Cd 等具有很多相似性，但是其吸附机理和吸附特征却未必相似。近年来泥沙对类金属砷的吸附成为当今国际研究的前沿与热点[108-116]。Hailin Yang 和 Mengchang He 研究了土壤、泥沙及尾矿砂对甲基胂酸和甲基锑的吸附行为[117]；Jie Ma 等[118]评价了 pH 值、As 的种类和 Fe/Mn 矿物对含水层泥沙吸附砷的影响；Katja Sonja Nitzsche 等[119]利用小型砂滤池来处理越南北部农村地区含砷和铁地下饮用水，发现有毒的 As 通过与 Fe^{2+} 氧化物发生共氧化及与 Fe^{3+} 氧化物发生吸附或共沉淀作用的途径被固定下来；Mandal S 等[120]进行了 As（Ⅲ ＆ Ⅴ）的吸附动力学和红树林沉积物中砷的活化反馈，从沙到粉砂质黏壤土对 As（Ⅲ ＆ Ⅴ）的吸附均符合朗缪尔曲线；Changliang Yang 等[121]研究了铁氧化物还原溶解对于阳宗海湖泥沙吸附/解吸行为的影响。一方面，铁氧化物还原溶解会加速砷的解吸，将 As（Ⅲ）

从泥沙中释放出来，增加了环境风险；另一方面，还原溶解作用会引起泥-水系统的氧化还原条件的不断改变，当系统氧化还原电位（Eh）超过 80mV 时，砷被沉淀。而国内有关泥沙对重金属砷的吸附研究鲜有报道。因此，开展泥沙对重金属砷的吸附研究具有十分重要的意义。

1.2.4 吸附动力学模型研究

吸附动力学模型经常用来研究吸附过程的机制以及潜在的限速步骤，通常用来表达化学反应、物质扩散过程和质量能量传输过程[122-126]。动力学模型有一级动力学模型和二级动力学模型两种。

吸附动力学主要是研究吸附过程中吸附动态平衡及吸附速率等问题，本质上就是研究吸附量的变化与吸附时间之间的关系的理论问题[127]。吸附过程涉及吸附质的传质与扩散，因此吸附的发生通常会受到吸附材料结构、被吸附物质的性质及吸附发生时的外界条件等因素影响。研究吸附动力学可以从吸附质的吸附路径角度探索可能存在的吸附机理。

普遍认为多孔吸附剂表面吸附质的传质过程包括以下 3 个连续步骤[128-130]：①外扩散/液膜扩散（liquid film diffusion），吸附质首先以对流扩散的形式传递到固体吸附剂表面"液膜"，然后再以分子扩散方式通过"液膜"到达吸附剂颗粒表面，"液膜"是固体表面的边界层，其厚度与搅拌强度或流速有关；②颗粒内扩散（intraparticle diffusion），吸附质在吸附剂颗粒外表面通过吸附剂的孔道扩散进入到颗粒内部，由孔道中溶液的扩散（孔隙扩散）和孔隙内表面的二维扩散（内表面扩散）并联的两部分构成；③在吸附剂表面活性位点上发生的吸附质的吸附反应。一般来说，第三步即吸附质在吸附剂表面活性位点上的吸附过程往往很快，对整个吸附过程速率起决定作用的还是前两个阶段：外扩散和颗粒内扩散两过程。

在吸附过程中，吸附质从液相传递到固相表面的三个阶段的传质过程受到了各种传质阻力的影响。据此，人们为了模拟这些参数的影响程度，相继建立了一系列动力学模型来描述吸附质与吸附剂之间的传质过程。用来模拟颗粒吸附剂吸附过程的常用的模型有一级动力学模型（pseudo - first - order kinetic model）、二级动力学模型（pseudo - second - order kinetic model）和颗粒内扩散模型（intraparticle diffusion model）三种。

（1）一级动力学模型。一级动力学模型最早由 Trivedi 提出，用于描述氯仿中三乙基纤维素在硅酸钙上的吸附动力学[131]，其假设吸附速率与吸附剂表面未吸附溶质的数量成正比，缺点在于不适合解释整个吸附过程，但对吸附开始的前半小时或更短时间内的吸附行为能较好描述[132]。由于在很多吸附体系中，初始阶段反应快速，而后续化学吸附过程很缓慢，很难确定反应是否达到平衡，因此很难精准确定平衡吸附量，甚至有可能在经历了较长的反应时间，试验得到的比真实的平衡吸附量小。对于大多数吸附过程，一级动力学模型较适用于在反应开始阶段的 $20\sim30$min[133]。不同吸附系统中 k_1（反应速率常数）不同，且与溶质浓度密切相关，k_1 通常随着液相中溶质浓度的增加而减小[123,134]。

（2）二级动力学模型。由 Ho[135] 提出的二级反应动力学模型是由二价金属离子吸附过程推导得出的，假设吸附量是与吸附机上吸附点的数量成正比的。通常反应速度常数与离子初始浓度、溶液 pH 值、温度、震荡速度等试验条件有关[136-138]。相对于一级动力学模型，二级动力学模型揭示整个过程的行为与速率控制步骤相一致[139,140]。

（3）颗粒内扩散模型。颗粒内扩散模型是由 Weber 和 Morris 提出[131]，颗粒内扩散模型假设吸附过程液膜扩散阻力可以忽略，或者液膜扩散阻力只在吸附初期的很短时间内起作用。物质扩散方向是随机的，呈放射状；吸附质浓度不随颗粒位置改变；内扩散系数为常数，不随吸附时间和吸附位置的变化而改变；吸附质分子或离子在多孔性吸附材料内部扩散时，颗粒内扩散过程是影响吸附材料吸附污染物的主要控制因素。吸附质从液相吸附到固相是一个可逆反应，最终实现两相平衡。通过动力学模型分析试验数据，可以确定计算吸附过程速率常数[131]。

1.2.5 泥沙表面微观形貌表征

在以往以牛顿力学理论体系为基础对泥沙运动的研究中，主要考虑重力、水流和波浪作用以及风力等物理和宏观作用的影响。描述单个泥沙颗粒的运动过程，主要是将泥沙颗粒概化为质点或具有特定形状的几何形体即可满足要求。因此对单个泥沙颗粒的几何性质大多用一个或者两个参数来描述。泥沙颗粒的大小一般用粒径来表示。泥沙颗粒的几何特征一般用圆度、球度、整体形状和形状系数来描述。这些描述泥沙颗粒的方法因定义简单、测量方便，在传统泥沙运动力学中使用非常广泛，但在研究泥沙表面化学过程中受到较大局限。

对于粒径很小的黏土颗粒，很难像卵石一样直接用肉眼观测形貌。显微技术、图像处理技术和智能化技术的发展，为微颗粒的形貌研究提供了便利条件。国外一般常用的显微设备有扫描电子显微镜（SEM）[141-144]、透射电子显微镜（TEM）[141]、原子力显微镜（AFM）[145]、能量弥散 X 射线（EDS）[141]、能量有损的分光计（EFTEM/EELS）[141]、X 射线衍射（XRD）[146]、电感耦合等离子体-质谱分析法（ICP-MS）[143] 等。对于形貌观测和能谱测量一般都采用 SEM 和 EDS，在国内也比较容易实现。

从 1982 年 Mandelbrot[147]提出分形理论以来，分形已经被广泛应用到自然界复杂几何形态的研究中，比如海岸线、流域水系、地形地貌、天空云彩、岩石裂隙甚至分子结构等。Pfeifer 和 Avnir 等[148]研究表明，许多物质表面具有自相似性和自放射性，因此分形理论又被用来描述自然界的颗粒物，如岩石颗粒、土壤颗粒、蛋白质、絮体、催化剂颗粒等，发展甚为迅速。目前将分形理论用于泥沙颗粒物形貌研究得不多。分形方法为描述泥沙颗粒提供了一种方法，比常规描述方法更精细，能够反映出比颗粒形状及表面结构更丰富的信息。

1.3　研究内容

本书旨在研究黄河（郑州段）饮用水源地黄河泥沙对 As 污染物的吸附特征。围绕这一目的，主要研究思路为：在研究泥沙级配和紊动条件对 As 吸附影响规律的基础上，确定出以紊动条件下的黄河细沙为研究对象，进而研究温度、pH 值、初始 As 污染物浓度、泥沙粒径及振速等因素对吸附的影响，并研究了当存在共存离子 Fe^{3+} 和 Mn^{2+} 时，泥沙对吸附 As 污染物的吸附特征的影响。在此基础上，探究黄河细沙对 As 污染物的吸附动力学规律和吸附表征，从而揭示泥沙吸附 As 污染物的吸附机理。具体研究内容如下。

（1）泥沙级配试验：采用取自黄河花园口河段滩地的黄河天然沙样，按照粒径分为细沙、中沙、粗沙三种泥沙级配，研究泥沙浓度梯度为 $1kg/m^3$、$5kg/m^3$、$10kg/m^3$、$15kg/m^3$、$20kg/m^3$、$25kg/m^3$、$100kg/m^3$、$200kg/m^3$ 时，泥沙颗粒对砷的吸附规律，从而揭示不同泥沙级配对 As 污染物吸附的影响，初步确定不同泥沙级配的吸附平衡时间，从而确定后续试验的泥沙级配类别。

（2）吸附紊动条件试验：分别在静态和紊动条件下对黄河原型细沙进行饱和吸附试验，从而研究静态和紊动条件对吸附的影响，根据试验结果界定后续试验的条件。

（3）黄河细沙吸附 As 影响因素试验：为探讨 pH 值、温度、振速、初始砷浓度、泥沙粒径等因素对黄河细沙吸附 As 污染物的影响，分别设计正交试验，以此确定最佳吸附条件；在最佳吸附条件下，根据单因素试验在不同因素（pH 值、温度、振速、初始砷浓度、泥沙粒径）变化、不同泥沙浓度的水-沙系统中，研究黄河细沙对 As 污染物的吸附影响和规律。

（4）共存离子吸附试验：在最佳吸附条件下，分别添加共存离子 Fe^{3+} 和 Mn^{2+} 以及共同添加 Fe^{3+} 和 Mn^{2+} 三种情况下，首先研究不同浓度（$5kg/m^3$、$10kg/m^3$、$15kg/m^3$、$20kg/m^3$、$25kg/m^3$）黄河细沙对砷的吸附平衡时间，其次研究达到吸附平衡时不同条件下的吸附规律。

（5）黄河地表水源地和黄河侧渗水水源地原水试验结果分析：以去离子水、黄河深层侧渗水和黄河地表水为处理对象，在共存离子 Fe^{3+}、Mn^{2+} 单独存在和同时存在情况下，分析泥沙吸附重金属砷的动力学规律。

（6）以一级动力学模型、二级动力学模型和颗粒内扩散动力学模型为研究手段，对试验结果进行拟合，分析吸附反应的机理；同时，比较同一水源不同离子对吸附影响的差异性，和不同水源同一离子对吸附影响的差异性，从而获得更适合各种水质的砷处理方法。

（7）通过对泥沙样品进行氮气吸附-脱附 BET 及 EDS 元素分析等表征手段，研究泥沙吸附砷以后的微观形貌和表面特性，同时比较不同水源的相关性和差异性，揭示泥沙吸附的机理。

第 2 章

研 究 区 概 况

 ## 2.1 黄河地表水水源地郑州花园口

2.1.1 黄河郑州花园口段基本情况

黄河是世界上最浑浊的河流，流经 9 个省（自治区），每年都会从黄土高原携带大量的泥沙进入下游，而大约有 1/3 淤积在河道里[149]。由于大量的泥沙淤积在下游河道中，下游河道形成了世界上罕见的"地上悬河"。因此，黄河水资源的特点可总结为"水少沙多、水沙异常、上游产水、中游产沙、下游积沙"。

黄河花园口段位于黄河流域东段，全段水位急剧下降。作为河南省郑州市和新乡市的主要供水水源地的黄河花园口河段，是黄河中游峡谷河道向下游平原游荡性河段的过渡河段，是典型的淤积型河段[150]。黄河花园口是黄河成为"地上悬河"的起点，黄河的潜在危险也是从花园口开始的。

《2017 年中国环境状况公报》显示，黄河流域为轻度污染。Ⅰ～Ⅲ类、Ⅳ～Ⅴ类和劣Ⅴ类水质断面比例分别为 60.3%、6.3% 和 16.1%。20 世纪 80

年代以来，黄河两岸污染源不断增多。据统计：80 年代初期，全流域污水年排放量为 21.7 亿 t，到 2007 年超过 44 亿 t；每年排入黄河的 COD（化学需氧量）超 140 万 t，氨氮近 15 万 t，分别超过黄河水环境容量的 1/3 和 2.5 倍。黄河水量只占全国水资源的 2%，COD 排放量却占全国 COD 排放总量水污染的 13.3%，污染量占全国水污染的 8%。COD 等有机污染超标的同时，黄河流域重金属污染也不容忽视。《2015 年度三门峡市地表水功能区水资源质量报告》显示：灵宝市弘农涧河两个省控断面（东涧河和函谷关断面）水质不达标，超标因子是氨氮、COD、As、Hg 和 Cd。出现这种现象的主要原因是该区域属于黄金生产的主要区域，长期的黄金生产过程中，山坡、河谷堆积的大量含重金属废石和无主废渣经风蚀和雨水冲刷进入河流。与此同时，河道底泥中含有的重金属可能在一定条件下浸出从而造成水质重金属超标。

黄河郑州花园口建有花园口水文站[151]。它是黄河下游河道的第一个水沙观测站，距黄河源头约 4700km，距黄河下游山东河口约 770km，集水面积为 73 万 km²，占黄河流域总面积的 97%，是黄河最重要的水沙控制站[152]。花园口站对于黄河流域上游下垫面的相关变化响应非常灵敏，可以通过分析花园口断面的水沙变化特征在一定程度上揭示长期以来在自然及人类活动影响下黄河流域所发生的深刻变化[153]。花园口的流量和水位可以作为黄河下游的防汛标准，能够为黄河防洪、水资源调度以及黄河的治理开发提供重要的借鉴和依据[154]。

2.1.2　黄河郑州花园口断面水质监测

黄河流域内人口众多，其地表水资源维系着黄河沿岸人民的生活及工农业发展的需要[155]。因此，黄河地表水资源状况直接影响到流域内经济社会的可持续发展。近年来，随着黄河流域社会经济的快速发展，废水及污水的排放量急剧增加，另外由于天然来水量偏少，黄河流域水质污染日益加重，其中来水量少是黄河污染严重的主要原因之一[156]。

黄河流域水资源短缺十分严重，随着国民经济和社会的迅速发展，黄河流域水资源出现供水矛盾加剧、生态环境恶化以及下游河段常年严重断流等局面[157]。黄河流量正在逐年减少，断流现象也是频频发生，这严重影响了我国北方地区经济的可持续发展[158]。水资源是一种宝贵的资源。黄河流域沿岸居民依河而居，黄河水资源是人们重要的生活及生产资源，如今出现了污染及短缺等重大问题，保护黄河水资源刻不容缓。

地表水是人类生活用水的重要来源之一，也是各国水资源的主要组成部分。黄河地表水承担着黄河沿岸居民生活及生产的重任，日益严峻的黄河污染现状引发许多人的思考，因此有关黄河流域水系的相关研究变得越来越热门。

2012 年 6 月在黄河郑州花园口断面取样监测结果见表 2.1。

表 2.1　　　　黄河郑州花园口断面水质监测结果

项目	含量	项目	含量	项目	含量
pH 值	8.47	DO/(mg/L)	10.6001	NH_3-N/(mg/L)	0.84152
Fe/(mg/L)	0.98000	Pb/(mg/L)	0.02000	挥发酚/(mg/L)	0.00200
Mn/(mg/L)	0.05000	As/(mg/L)	0.00080	石油/(mg/L)	0.02100
Zn/(mg/L)	0.00600	TP/(mg/L)	0.07000	阴离子表面活性剂/(mg/L)	0.08000
Cu/(mg/L)	0.04000	TN/(mg/L)	0.50000	SO_4^{2-}/(mg/L)	201.50000
Hg/(mg/L)	0.00080	COD_{Mn}/(mg/L)	3.10000	NO_3^-/(mg/L)	0.39000
Cd/(mg/L)	0.00200	COD_{Cr}/(mg/L)	10.00000	Cl^-/(mg/L)	198.00000
Cr^{6+}/(mg/L)	0.00400	CN/(mg/L)	0.00400	As/(mg/L)	0.00381

2.1.3　黄河郑州花园口断面 As、Fe、Mn 含量

据 2009—2014 年的《黄河水资源公报》，黄河流域重点水功能区水资源质量状况显示郑州花园口断面 Fe、Mn 超标情况经常出现。本书于 2012—2014 年每月取样对黄河郑州花园口断面进行 As、Fe 和 Mn 含量监测，监测结果见表 2.2。

表 2.2　　　　黄河原水进水闸处水质

年份	As 含量/(μg/L)		Fe 含量/(mg/L)		Mn 含量/(mg/L)	
	范围	平均值	范围	平均值	范围	平均值
2012	1.0～7.3	3.7	0.05～2.00	0.57	0.05～0.33	0.11
2013	6.0～6.0	6.0	0.27～2.28	0.84	0.05～0.11	0.07
2014	6.0～11.0	7.1	0.16～2.57	0.84	0.05～0.52	0.12

由表 2.2 可以看出：2012—2014 年 As 含量最高为 11.0μg/L，Fe 含量最高为 2.57mg/L，Mn 含量最高为 0.52mg/L，氨氮含量最高为 2.43mg/L。其中，As 含量相对《地表水环境质量标准》（GB 3838—2002）而言，远低于一类水体的标准值（50μg/L）。

　2.2　黄河深井侧渗水水源地

2.2.1　黄河深井侧渗水水源地情况及采样点分布

郑州市东周水厂是郑东新区主要的城市供水水厂，是城市重要的基础保

障。该水厂水源为黄河地下侧渗水，侧渗水井群位于黄河大堤两侧，分西区、东区两个部分，共有 72 眼井，最大可供水水量为 24 万 m^3/d。其中，西区（堤内）井群位于花园口东大堤至申庄滩地，东西长 6.5km，沿巡井道路两侧布设井房 37 座；东区（堤外）井群由石桥向东至黄岗庙，设置井房 35 座。水源井距黄河大堤在 1km 范围内，井与井之间东西距离为 450~500m，沿黄河滩南北两路成"干"字形分布。研究区位于黄河冲积平原，紧邻黄河，主要高砷区位于以砂、含砾砂为主的潜水-微承压水含水层，黄河水、灌溉水及降雨为其主要补给水源，周围无外源污染。

2.2.2 黄河深井侧渗水水源地化学组分监测

2012 年 10 月，对黄河深井侧渗水水源地浅层地下水化学组分进行监测，监测结果见表 2.3。由表 2.3 可以看出，黄河深井侧渗水水源地浅层地下水类重金属 As 含量最大值接近《地下水环境质量标准》（GB/T 14848—2007）的要求，具有较大的环境风险。而根据之前黄河地表水水质监测可以看出黄河地表水 As 含量一直较低，说明黄河侧渗水经过沉积侧渗后 As 污染物浓度增加，可能原因是河滩泥沙长期富集的大量 As 在一定条件下解吸出来。

表 2.3　黄河深井侧渗水水源地浅层地下水化学组分监测统计结果（$n=41$）

项　目	最大值	最小值	均值	《地下水质量标准》(GB/T 14848—93)
$\sum As/(\mu g/L)$	48.66	2.55	22.94	
$As(\text{III})/(\mu g/L)$	37.2	2.35	15.98	$\leqslant 50$
$Fe/(mg/L)$	2.112	0.623	1.279	$\leqslant 0.3$
$Mn/(mg/L)$	0.37	0.069	0.174	$\leqslant 0.1$
pH 值	7.86	7.06	7.48	6.5~8.5
Eh/mV	15.7	−99.6	−40.41	
$Ca^{2+}/(mg/L)$	95.7	44.5	62.85	
$Mg^{2+}/(mg/L)$	77.6	30.0	40.65	
$Na^+/(mg/L)$	254	115.0	153.6	
$Cl^-/(mg/L)$	94	30	64.74	$\leqslant 250$
$PO_4^{3-}/(mg/L)$	0.512	0.039	0.251	
总盐量/(mg/L)	648	214	286	

2.2.3　黄河深井侧渗水水源地 As、Fe 及 Mn 含量

1. As 含量

根据研究区域 41 个浅层地下水的总砷含量监测结果，只有 5 个监测井地下水中 As 含量未超过国家标准（$10\mu g/L$），其余 36 个监测井地下水均超过标准，超标率达 87.8％。研究区河滩内地下水中砷含量呈区域性分布，部分区域出现了超过 $20\mu g/L$ 的样品分布。

从污染物 As 价态上可以看出，研究区域地下水中 As（Ⅲ）是 As 的主要表现形态，其次是以 As（Ⅴ）为主，本研究区域未检出甲基化砷。

在垂向分布上，潜层地下水 As 含量略高于浅层微承压含水层 As 含量，中深层地下水 As 含量均小于 $10\mu g/L$。与中深层地下水相比，潜层地下水和浅层微承压地下水水位埋深浅，蒸发浓缩作用强烈，且易受人类活动的影响。部分井潜层地下水及浅层微承压水 As 含量都较低，出现这种原因可能与沉积物中 As 的释放溶出能力以及地球化学环境有关。地下水 As 含量比主要补给水源黄河水的高，而研究区域地下水又没有其他明显 As 补给来源，因此，可以说明底层沉积物中 As 的释放溶出是地下水 As 的主要来源。不同含水层地下水 As 含量如图 2.1 所示。

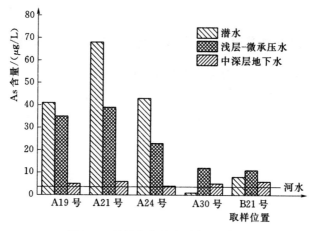

图 2.1　不同含水层地下水 As 含量

2. Fe 含量

根据 2012 年 10 月份水质监测结果，黄河深井侧渗水水源地井群浅层地下水总铁含量统计结果见表 2.4，浅层地下水铁含量范围为 $0.623\sim2.112mg/L$。所监测水源地采样井共 45 个，所有井群地下水铁含量均超过国家标准（$0.3mg/L$），超标率达 100％。滩内铁含量超过 $1.5mg/L$ 的地下水主要分布在滩内给水管网最西南端；滩外铁含量超过 $1.5mg/L$ 的地下水主要分布在开

采区东北部石桥及南来潼寨以南一带，呈东西向条带状分布。

表 2.4 　　　黄河深井侧渗水水源地井群浅层地下水铁含量统计表

铁浓度/(mg/L)	采样井/个	占比/%
0.3~1.5	35	77.7
≥1.5	10	22.3

3. Mn 含量

根据 2010 年 10 月份水质监测结果，黄河深井侧渗水水源地井群浅层地下水总锰，含量统计结果见表 2.5，浅层地下水铁含量范围为 0.069~0.369mg/L。所监测水源地采样井共 45 个，其中有 40 个采样井的地下水锰含量超过国家标准（0.1mg/L），超标率达 88.9%。滩内锰含量超过 0.2mg/L 的地下水主要分布在滩内给水管网最西南端；滩外锰含量超过 0.2mg/L 的地下水主要分布在开采区申庄至南来潼寨以南一带，呈东西向条带状分布。

表 2.5 　　　黄河深井侧渗水水源地井群浅层地下水锰含量统计表

锰浓度/(mg/L)	采样井/个	占比/%
≤0.1	5	11.1
0.1~0.2	11	24.4
≥0.2	29	64.4

2.2.4　黄河深井侧渗水入东周水厂进水口 As、Fe 及 Mn 含量

本书于 2012—2014 年对郑州市东周水厂进水口进行监测，每月取样一次，连续监测三年，监测结果见表 2.6。由表 2.6 可以看出：2012—2014 年 As 含量最高为 22.0μg/L；Fe 含量最高为 2.78mg/L；Mn 含量最高为 0.27mg/L。

表 2.6 　　　东周水厂进水口处 As、Fe、Mn 含量

年份	As 含量/(μg/L)		Fe 含量/(mg/L)		Mn 含量/(mg/L)	
	范围	平均值	范围	平均值	范围	平均值
2012	1.1~17.1	8.2	0.16~2.38	0.65	0.05~0.27	0.11
2013	7.0~22.0	12.2	0.05~0.92	0.40	0.05~0.15	0.07
2014	6.0~20.0	12.3	0.20~2.78	0.84	0.07~0.19	0.12

 ## 2.3　小结

将 2012—2014 年对黄河郑州花园口断面和黄河侧渗水东周水厂入厂处监测结果进行对比，结果见图 2.2。由图 2.2 可以明显地看出：

(1) 2012—2014 年黄河郑州花园口断面原水中 As 含量均比黄河侧渗水东周水厂处 As 含量低；2012 年黄河花园口断面中 Fe 含量也比东周水厂低；而 2013 年黄河花园口断面 Fe 含量比东周水厂高；2014 年两地水质中 Fe 含量基本相等；2013—2014 年黄河花园口断面和东周水厂 Mn 含量基本保持一致，含量差别不大。

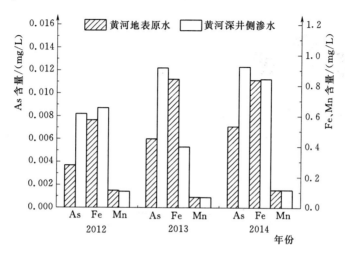

图 2.2　黄河原水与东周水厂入水口处水质指标对比

(2) 黄河深井侧渗水水源地黄河水 As、Fe、Mn 含量均值分别为 2.34μg/L、0.43mg/L、0.16mg/L，铁、锰含量均高于集中式生活饮用水地表水源地补充项目标准限值（GB 5749—2006）。由于东周水厂部分水源井的含砷量较高，虽然目前水厂出厂水总体上尚未超标，但存在一定的超标风险。出厂水含砷量的控制，在目前水厂出水量未达到设计规模的条件下，主要通过水源井的水质调度，尽可能取用含砷量低的井水，以降低进厂总体原水含砷量。同时，依靠经曝气后的一级沉淀出水直接进行砂滤处理，进一步降低含砷量。根据资料统计，水厂运行对原水砷的吸持率约为 20％～40％，除砷能力相对较低，在供水量较大、单口井出水量大、水源井水质调度不利的情况下，水厂出厂水的含砷量存在较大的超标风险。

(3) 东周水厂目前在水量尚未达到设计规模时即存在出厂水含砷量超标的风险，预计满负荷运行时风险性更高。含砷量是饮用水达标的重要指标，同时具有很高的安全供水社会敏感性。在确保水厂出厂水全面达标的过程中，应进一步加强对出厂水砷含量的去除，在确保含 As 含量小于 0.01mg/L 的达标基本要求下进一步降低其浓度。依据原水特点和出厂水标准，有必要对东周水厂的水处理工艺流程进行强化调整，降低水质风险，确保供水安全性。

综合分析认为，黄河水中砷含量虽低，但是地下水是砷的最初来源。

第3章

试验材料与方法

本章主要介绍和研究了试验所用的主要材料、试验条件、试验方法和试验步骤，最后介绍了试验检测分析方法的可靠性。

 3.1 试验材料

试验材料主要包括水、沙和药品试剂。

3.1.1 试验用水

本书试验用水根据研究对象不同一共分为两类：去离子水（第4章、第5章和第6章）；黄河水源地水，包括黄河地表水和东周水厂原水（即黄河深井侧渗水）（第7章）。去离子水用于人工制备吸附质溶液和对比试验。黄河水源地基本情况介绍详见第2章。黄河水源地水分别取自郑州市中法原水陶滤池泵房取水口、东周水厂总进水口（黄河深井侧渗水），并以去离子水作为参照。试验用水每次随用随取，保证每批水样取自同一位置、同一时间，取回后经 $0.45\mu m$ 滤膜抽滤得出原水清样保存于试验室内，保存时间最多不超过48h。

3.1.2 试验用沙

本试验用沙为黄河河滩天然沙，取自黄河花园口河段马渡村附近滩地。根据试验项目需要，不同沙的前期预处理亦不同。本书试验用沙共分为两类：预备试验用沙和正式吸附试验用沙。

1. 预备试验用沙

预备试验的主要目的是：了解黄河泥沙级配和紊动条件对 As 的吸附影响，从而为后续试验筛选材料。因此，根据黄河泥沙的颗粒级配，将泥沙分为粗沙、中沙和细沙三类。而黄河由于泥沙淤积与洪水所携带的泥沙来源有关，粗细粒径不同的泥沙往往使泥沙淤积呈现层理淤积状态，泥沙的矿物质组成、粒径大小、淤积体性质、均匀程度、堆积情况和沙粒形状等均与堆积历时有关。因此，采集泥沙时应根据泥沙的淤积特征分层采集，保证采样均匀。采集后的泥沙于背光通风处自然风干，并剔除其中的杂物，保存备用。其中，中沙是用粗沙和细沙按照 1:1 的质量比例配制而成。然后采用光电宽域颗分仪对粗沙、中沙和细沙进行颗粒级配分析，得出中值粒径分别为细沙 0.01mm、中沙 0.017mm、粗沙 0.036mm。具体分析依据见表 3.1。粗沙、中沙和细沙的非均匀系数（K_f，$K_f = \sqrt{\dfrac{d_{75}}{d_{25}}}$）分别为 2.95、1.53 和 1.26。

表 3.1 试验用沙级配分析表

样品	小于某粒径颗粒所占百分比/%									中值粒径/μm	平均粒径/μm
	粒 径/μm										
	2	8	16	25	50	75	100	250	1000		
细沙	12.62	43.26	64.27	76.84	91.93	97.11	99.03	100.00	100.00	10.02	17.75
中沙	8.85	31.13	47.81	61.21	84.46	93.83	97.21	99.26	100.00	17.32	28.25
粗沙	2.55	7.06	15.05	30.20	70.19	89.00	95.90	99.11	100.00	35.84	43.76

2. 正式吸附试验用沙

根据预备试验要求，确定细沙为本试验的重点研究对象。正式吸附试验时，仅仅根据泥沙级配选细沙作为试验用沙。具体制备方法为：首先，将黄河滩泥沙根据中值粒径分析所得的细沙放于背风阴凉处晾干后，用 0.088mm 的分子筛进行筛分，去除较大的颗粒和杂物；然后，用标准筛筛分粉碎后的泥沙，进行粒径筛分，标准筛孔径与目数对照表见表 3.2；最后，将筛分后的泥沙分类进行后续的烘干转化处理。

孔径/mm	0.300	0.250	0.212	0.180	0.150	0.125	0.106	0.090	0.0750	0.0630	0.0530	0.0450	0.0374
目数	50	60	70	80	100	120	140	170	200	230	270	325	400

表 3.2　　　标准筛孔径与目数对照表

清洗沙：本书重点研究各种共存离子对泥沙吸附重金属砷的影响，为了保证试验的准确性，要将沙样表面的各种离子去除，还原泥沙的干净态。化学形态顺序提取是使用一系列选择性试剂，按照由弱到强的原则，连续溶解不同溶解度元素的一种提取方法[85]。该方法采用 $NH_2OH \cdot HCl$ 与 H_2O_2 溶液分别提取金属痕量元素与有机物质。因此，在沙样的预处理中参照化学提取法，使沙样浸泡于 $NH_2OH \cdot HCl$ 与 H_2O_2 溶液中，并用去离子水清洗，最终烘干使用。具体的试验步骤按照以下程序进行：

1）去离子水浸泡：去除电解质与水溶性有机物。

2）$NH_2OH \cdot HCl$ 清洗：浓度为 0.5mol/L，温度为 20℃，进行多次搅拌和静沉，倒去上清液，洗去泥沙表面的重金属离子。

3）H_2O_2 清洗：浓度为 30%，温度为 20℃，进行多次搅拌和静沉，倒去上清液，去除泥沙颗粒表面的有机物质。

4）用去离子水清洗：洗去用于清洗泥沙的 $NH_2OH \cdot HCl$ 和 H_2O_2。

5）烘干：105℃下将已经清洗过的沙子在恒温烘箱中烘烤 6h 干燥脱水至恒重。然后将烘干的沙子取出，置于干燥器中冷却到室温，以备后期试验使用。

处理过程中进行 2）、3）步骤时会看见气泡产生，听见"兹兹"的声音，经过多次的清洗之后，这种现象会有明显的减轻。通过上述试验沙样的制备过程，可以确保试验用沙基本被还原为干净态的沙。

3.1.3　主要药品试剂

本研究所用试剂详见表 3.3。

表 3.3　　　主 要 化 学 试 剂 表

编号	试　剂	级别	厂　家
1	盐酸羟氨（$NH_2OH \cdot HCl$）	分析纯	天津市瑞金特化学品有限公司
2	过氧化氢（H_2O_2）	分析纯	天津市致远化学试剂有限公司
3	硝酸（HNO_3）	优级纯	洛阳昊华化学试剂有限公司
4	砷标准溶液	国际标准物质	中国计量科学研究院
5	铁标准溶液	国际标准物质	中国计量科学研究院
6	锰标准溶液	国际标准物质	中国计量科学研究院

续表

编号	试　　剂	级别	厂　　家
7	硫脲（H_2NCSNH_2）	分析纯	原天津市化学试剂三厂
8	氢氧化钾（KOH）	优级纯	天津市科密欧化学试剂有限公司
9	硼氢化钾（KBH_4）	优级纯	天津市科密欧化学试剂有限公司
10	盐酸（HCl）	优级纯	开封市方晶化学试剂有限公司

3.2　主要仪器设备

试验主要的仪器设备见表3.4，原子荧光分光光度仪的工作条件见表3.5。

表3.4　　　　　　　　　　试验仪器设备一览表

编号	仪器名称	型号	厂　　家
1	原子荧光分光光度仪	AFS－8220	北京吉天仪器公司
2	全温振荡器	ZH－D	金坛市精达仪器制造厂
3	扫描电子显微镜	JSM－6360LV	日本电子株式会社
4	数字式精密酸度计	pHS－3C	上海理达仪器厂
5	电子天平	FA1004	上海精科天平
6	电热鼓风干燥箱	FN101	湘潭华丰仪器制造有限公司
7	场发射扫描电子显微镜	JSM－7001F	日本电子株式会社
8	比表面和孔隙度分析仪	BELSORP－Mini Ⅱ	日本麦奇克拜尔有限公司

表3.5　　　　　　　原子荧光分光光度仪的工作条件

项　　目	仪器参数	项　　目	仪器参数
元素	As	原子化器高度/mm	8
光电倍增管负高压/V	250	进样体积/mL	0.5
灯电流/mA	50	读数时间	11
载气（氩气）流量/（mL/min）	500	延迟时间	3
屏蔽气（氩气）流量/（mL/min）	1000	读数方式	峰面积

为减小试验误差，本试验所用的试剂瓶、塑料瓶、锥形瓶、移液管、玻璃漏斗等玻璃器皿，在每次使用前都用稀释比例为1∶5的硝酸浸泡24h，以去除仪器上残留的砷溶液。

3.3 试验条件

3.3.1 温度

温度是影响泥沙吸附 As 污染物的重要环境因素之一，在不同水体温度下，泥沙对 As 污染物的吸附能力存在一定的差异。为客观真实地反映温度对黄河泥沙对 As 的吸附能力的影响，查阅相关文献，对黄河河南段黄河小浪底、花园口断面 2010—2015 年典型季节的平均水温做了统计，见表 3.6。结果表明：监测断面的多年平均水温较为相近，整个河段水体的多年平均水温为 18.4℃。因此，结合试验环境条件，选取 20℃作为吸附试验水温，在试验过程中，通过全温振荡器将试验水温控制在 20℃±0.3℃。

表 3.6　　　　　　黄河河南段典型季节平均水温　　　　　　单位：℃

年份	1 月	4 月	7 月	10 月
2010	8	12.6	27.1	17.2
2011	8	11.4	26	17.4
2012	6	13.4	25.4	15.9
2013	9	11.8	23.9	16.8
2014	5	13.7	24.7	18.2
2015	7	15.4	26.3	17.8
范围	5～27.1			

3.3.2 pH 值

根据中华人民共和国生态环境部国控监测断面周报，对黄河小浪底断面 2010—2015 年典型月典型周 pH 值进行统计，见表 3.7。从公报数据可以看出，黄河郑州段 pH 值为 7.41～8.39，呈弱碱性。因此，本书 pH 值取值范围为 6.5～9。

表 3.7　　　　　　黄河郑州段典型季节 pH 值

年份	1 月	4 月	7 月	10 月
2010	8.18	7.52	7.60	7.92
2011	8.39	8.08	7.76	8.09
2012	8.11	8.17	8.01	7.87
2013	8.13	7.94	7.74	7.86
2014	8.12	7.64	7.41	8.17
2015	8.23	8.28	8.34	8.31
范围	7.41～8.39			

3.4 吸附试验

3.4.1 吸附等温试验

在体积为1L的六联搅拌器小桶内，根据泥沙级配要求（粗沙、中沙和细沙）和浓度要求（$1kg/m^3$、$5kg/m^3$、$10kg/m^3$、$15kg/m^3$、$20kg/m^3$、$25kg/m^3$）称取一定量干燥的泥沙（天然沙和清洗沙），加入去离子水活化24h；分别加入用不同浓度的砷储备液调好的相应水样，使总体积为1L，得到As的初始浓度分别为 0.1mg/L、0.2mg/L、0.3mg/L、0.4mg/L、0.5mg/L、0.6mg/L、0.8mg/L、1.0mg/L的不同泥沙浓度的系列溶液；调节水-沙体系pH值为8.0，然后在20℃下振荡24h至吸附平衡（根据吸附动力学试验结论），取上清液离心、过滤，然后准确移取滤液20.00mL，测定其中 As 的浓度。每条等温线在相同试验条件下做4组平行样，相对误差小于5%。根据起始浓度与平衡浓度之差，扣除空白，计算泥沙对 As 的吸附量。

3.4.2 吸附动力学试验

根据泥沙级配要求（粗沙、中沙和细沙）和浓度要求（$1kg/m^3$、$5kg/m^3$、$10kg/m^3$、$15kg/m^3$、$20kg/m^3$、$25kg/m^3$）称取一定量干燥的泥沙（天然沙和清洗沙），于500mL锥形瓶中，加入高纯水活化24h；分别加入用不同浓度的砷储备液调好的相应水样，使总体积为1L，得到As的初始浓度分别为0.1mg/L、0.2mg/L、0.3mg/L、0.4mg/L、0.5mg/L、0.6mg/L、0.8mg/L、1.0mg/L的不同泥沙浓度的系列溶液；调节水-沙体系 pH 值为 8.0 ± 0.02，然后拧紧瓶塞，在（20±1）℃下恒温振荡，在0.5h、2h、4h、6h、8h、10h、12h、24h、48h、72h时各取一次上清液，每次约7mL，3000r/min离心20min，然后用$0.45\mu m$滤膜超滤，以消除胶体及有机大分子等因素对吸附的影响，然后准确移取滤液5.00mL，采用标准方法测定砷含量。每条动力学曲线在相同的试验条件下做3组平行样，相对误差小于5%。

3.5 测定方法可靠性分析

试验自2013年3月一直持续到2015年6月，进行了11个批次的试验，为保证试验结果的可比性，每批次试验均进行了测定方法的可靠性分析。在保证试验条件的一致性的同时进行相对标准偏差检验和加标回收试验。

3.5.1 标准曲线

本试验采用原子荧光法测砷，仪器型号为 AFS-8220 原子荧光分光光度仪，具体分析方法见《水和废水监测分析方法》（第四版）。

样品中的 As^{5+} 先被还原剂硫脲还原为 As^{3+}，然后与样品中原有的 As^{3+} 一起测量，因此，本试验 As 污染物指的是总砷。

本试验持续时间较久，前后共进行了 11 个批次试验。为保证试验数据的可靠性，每次试验均按照标准分析方法进行了标准曲线的绘制，分别得到每一次的曲线方程。本书全部试验的曲线方程汇总见表 3.8。选取其中两个代表性标准曲线见图 3.1。

表 3.8　　　　　　　　　　不同批次样品标准曲线分析

批次序列	标准曲线表达式	相关系数 R^2 值
1	$y=46.4217x-32.1598$	0.9999
2	$y=44.3678x-31.0218$	0.9997
3	$y=47.1238x-25.4389$	0.9999
4	$y=53.5724x-11.1125$	0.9999
5	$y=54.5572x+6.5227$	0.9998
6	$y=47.5296x-47.2245$	0.9997
7	$y=54.5572x+6.5227$	0.9998
8	$y=47.1238x-25.4389$	0.9999
9	$y=63.2766x-3.6154$	0.9999
10	$y=75.6494x-15.4217$	0.9999
11	$y=54.3762x+10.5497$	1.0000

根据试验中不同批次样品所测得的数据，将不同批次样品数据所对应的标准曲线汇总见表 3.8。由表 3.8 可以看出，相关系数 R^2 值均在 0.9999 左右，相关系数最小的是 0.9997，最大的是 1.0000。相关系数越接近 1 表明相关性越好，相关系数为 1.0000 说明完全线性相关。

3.5.2 精密度

本试验采用原子荧光法测砷，每次试验均进行精密度和准确度分析。所有项目监测均使用同一台仪器，仪器型号为 AFS-8220 型原子荧光分光光度计。

试验中，每一批次试验均分别取同一浓度的各 5 份水样，测定每一份样品的 As 含量，进行精密度试验，计算相对标准偏差，11 个批次试验的精密度结果见表 3.9。

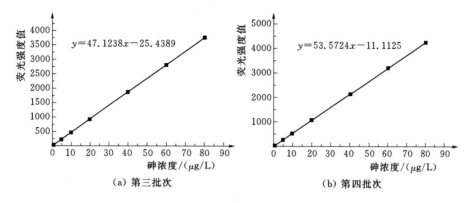

图 3.1　原子荧光分光光度计测砷（Ⅲ）浓度标准工作曲线

表 3.9　　　　　　　　　　　仪器精密度分析

批次	样品编号	测定结果/(mg/L)					平均值/(mg/L)	相对标准偏差 SD/%
1	1~5	0.1562	0.1533	0.1494	0.1399	0.1397	0.1477	1.3157
2	6~10	0.0590	0.0540	0.0643	0.04980	0.0599	0.0574	2.0383
3	11~15	0.0501	0.0510	0.0498	0.0473	0.0469	0.0491	1.2069
4	16~20	0.0501	0.0531	0.0488	0.0498	0.0517	0.0507	2.7493
5	21~25	0.0499	0.0503	0.0499	0.0497	0.0500	0.0500	1.8129
6	26~30	0.0265	0.0258	0.0251	0.0265	0.0250	0.0258	2.1241
7	31~35	0.0258	0.0270	0.0243	0.0276	0.0265	0.0262	1.1354
8	36~40	0.1246	0.1354	0.1299	0.1354	0.1029	0.1256	2.6210
9	41~45	0.0684	0.0702	0.0678	0.0674	0.0662	0.0680	2.0443
10	46~50	0.0152	0.0133	0.0125	0.0124	0.0132	0.0133	2.7110
11	51~55	0.0256	0.0242	0.0275	0.0265	0.0252	0.0258	1.1300

表 3.9 中结果显示，11 个批次中 9 个批次的样品测得的相对标准偏差都在 2.7% 以下，均满足标准中标准偏差小于 3% 的要求。据此，可以判定本书试验结果的精密度较高，仪器重现性好。

3.5.3　准确度

为了进一步验证试验结果的准确度，每批次试验均取 4 个平行样进行加标回收试验。加标回收试验结果见表 3.10。加标回收率的计算公式为

回收率(%)＝[(加标样品测定值－样品测定值)/加标量]×100%

表 3.10 仪 器 准 确 度 分 析

样品编号	加标前浓度 /(mg/L)	加标量 /(mg/L)	加标后浓度范围 /(mg/L)	加标回收率 /%
1	0.2751	4.000	31.703	104.700
2	0.3024	4.000	34.428	105.325
3	0.4067	4.000	45.017	109.950
4	0.4575	4.000	49.594	97.500
5	0.3144	4.000	36.644	104.825
6	0.4221	4.000	46.421	106.600
7	0.3723	4.000	41.574	109.000
8	0.2891	4.000	32.864	97.950
9	0.3667	4.000	40.917	108.150
10	0.4386	4.000	47.943	103.175
11	0.4124	4.000	45.258	99.550

表 3.10 中结果显示：4 个浓度的水样测得的加标回收率为 97%～109%，满足方法要求的 90%～110%，准确度满足分析方法的要求，据此，可以判定本书数据可靠。

3.6 吸附动力学模型

吸附动力学模型经常用来表达化学反应、物质扩散过程和质量能量传输过程。通过模型模拟可以探索揭示吸附机理。用来模拟颗粒吸附剂吸附过程的常用模型有一级动力学模型、二级动力学模型和颗粒内扩散动力学模型三种。

3.6.1 一级动力学模型

一级动力学模型最早由 Trivedi 提出，用于描述氯仿中三乙基纤维素在硅酸钙上的吸附动力学[131]，其假设吸附速率与吸附剂表面未吸附溶质的数量成正比，缺点在于不适合解释整个吸附过程，但能较好地描述吸附开始的前半个小时或更短时间内的吸附行为[132]，见式（3.1）、式（3.2）：

$$\frac{dq_t}{dt} = k_1(q_e - q_t) \tag{3.1}$$

利用边界条件：$t=0$ 时，$q_t=0$；$t=t$ 时，$q=q_e$，对式（3.1）两边同时积分可得

$$\ln(q_e - q_t) = \ln q_e - k_1 t \tag{3.2}$$

式中 q_e——平衡时的单位吸附剂吸附量，$\mu g/g$；

$\quad\quad q_t$——t 时刻的单位吸附剂吸附量，$\mu g/g$；

$\quad\quad k_1$——一级动力学吸附速率常数，$g/(\mu g \cdot min)$。

以时间 t 为横坐标，$\ln(q_e-q_t)$ 为纵坐标，即可做出一级动力学模型的图像，如图 3.2（a）所示，斜率为一级动力学吸附速率常数 k_1，根据截距即可求得平衡吸附量 q_e。

由于在很多吸附体系中，初始阶段反应快速，而后续化学吸附过程很缓慢，很难确定反应是否达到平衡，因此很难精准确定 q_e，甚至有可能在经历了较长的反应时间，试验得到的比真实的平衡吸附量小。对于大多数吸附过程，一级动力学模型较适合用于在反应开始阶段的 $20\sim30$min[133]。不同吸附系统中 k_1 不同，且与溶质浓度密切相关，k_1 通常随着液相中溶质浓度的增加而减小[123,134]。

3.6.2 二级动力学模型

Ho[135]提出的二级反应动力学模型是由二价金属离子吸附过程推导得出的，假设吸附量是与吸附机上吸附点的数量成正比的，其表达式为

$$\frac{dq_t}{dt}=k_2(q_e-q_t)^2 \tag{3.3}$$

利用边界条件：$t=0$ 时，$q_t=0$；$t=t$ 时，$q=q_e$，对式（3.3）两边同时积分可得

$$\frac{t}{q_t}=\frac{1}{k_2q_e^2}+\frac{t}{q_e} \tag{3.4}$$

式中 q_e——平衡时的单位吸附剂吸附量，$\mu g/g$；

$\quad\quad q_t$——t 时刻的单位吸附剂吸附量，$\mu g/g$；

$\quad\quad k_2$——二级动力学吸附速率常数，$g/(\mu g \cdot min)$。

以时间 t 为横坐标，$\frac{t}{q_t}$ 为纵坐标，即可做出二级动力学模型的图像，如图 3.2（b）所示，根据斜率可求出吸附反应的平衡吸附量，由截距和平衡吸附量可求出二级反应的吸附速率常数 k_2。通常 k_2 与离子初始浓度、溶液 pH 值、温度、震荡速度等试验条件有关。相对于一级动力学模型，二级动力学模型揭示整个过程的行为而且与速率控制步骤相一致。

3.6.3 颗粒内扩散模型

颗粒内扩散模型由 Weber 和 Morris 提出[131]，其数学表达式为

$$q_t=k_it^{1/2}+c \tag{3.5}$$

式中　q_t——t 时刻的单位吸附剂吸附量，$\mu g/g$；

$\qquad k_i$——颗粒内扩散速率常数，$\mu g/(g \cdot min^{1/2})$；

$\qquad c$——边界层效应和膜扩散程度，c 越大，外扩散影响越大。

以时间 $t^{1/2}$ 为横坐标，q_t 为纵坐标，即可得到颗粒内扩散模型的线性图，如图 3.2（c）所示。图像斜率为速率常数 k_i，截距为 c。

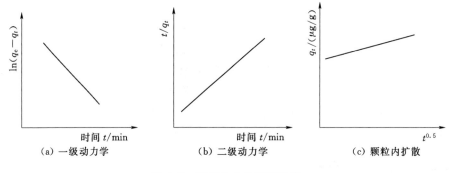

（a）一级动力学　　　　　（b）二级动力学　　　　　（c）颗粒内扩散

图 3.2　吸附动力学模型图像

 ## 3.7　泥沙表面微观形貌及表面特性表征方法

3.7.1　泥沙表面微观形貌

本试验采用 JSM - 7001F 型场发射扫描电子显微镜对泥沙样品表面形貌进行扫描。主要技术参数如下：

1）分辨率：加速电压为 30kV 时，二次电子像为 1.2nm；3.0nm 加速电压为 1kV 时，二次电子像为 3.0nm。

2）加速电压：0.5～30kV。

3）放大倍数：10～1000000 倍，自动放大倍数修正功能，放大倍率预设功能，EDS 模式不同工作距离下自动磁转角修正功能。

4）大束流高分辨率为 5nA，WD10mm，15kV 时分辨率为 3.0nm。

5）束流范围：浸没式热场发射电子枪束流强度最大为 200nA。

6）成像模式：二次电子像、背散射电子像。

3.7.2　泥沙表面特性

试验采用 BELSORP - Mini Ⅱ 比表面和孔隙度分析仪对样品进行氮气吸附-脱附试验，进而绘制泥沙颗粒的吸附-脱附等温线，得到泥沙颗粒表面孔分布、比表面积、孔体积和平均孔径等参数。主要技术参数如下：

1）测试范围：$0.02\sim2000\mu m$ 粒度范围内固体颗粒和乳液。

2）重复性：误差$\leqslant 0.5\%$。

3）全量程米氏理论，检测角度：$0.02°\sim163°$。

4）无需扫描，151 个检测器实时接受全量程光强信号。

5）引进"非球形"颗粒校正因子，保证测量的准确性。

采用 JSM-6490LV 扫描电子显微镜配带的 X 射线能谱仪（EDS）对颗粒表面的局部区域进行元素探测和分析。主要技术参数如下：

1）分辨率：小于 $3.0nm$（$30kV$，高真空，钨丝灯，二次电子）。

2）加速电压最小范围：$0.5\sim30kV$，$10V$/步。

3）放大倍数范围：$20\sim3000000$ 倍。

4）高真空度：$1.5\times10^{-3}Pa$；低真空度：$6\sim270Pa$。

5）能谱仪 Si（Li）探测器：分辨率优于 $133eV$。

6）能谱探测器的有效面积：$10mm^2$。

7）能谱元素分析范围：B5～U92。

在泥沙颗粒的吸附-脱附等温线基础上，计算表面分形维数。被认可的方法有改变样品的粒度法、分形 BET 模型法、FHH 模型法、热力学方法等。其中 FHH 方法与热力学方法的适用范围较广，计算也很简便，因此这两种方法应用比较广泛。但热力学方法计算出的分形维数往往会大于 3 而失去维数的实际意义。

经典的 FHH 理论是 Frenkel、Halsey 及 Hill 提出的描述气体分子在分形表面发生多层吸附的模型，后发展为式（3.6）。

$$N/N_m=k(-\ln x)^{-f(D_s)} \tag{3.6}$$

其线性形式为

$$\ln(N/N_m)=\ln k-f(D_s)\ln(-\ln x) \tag{3.7}$$

式中　$f(D_s)$——关于分形维数 D_s 的表示式；

　　　N/N_m——相对吸附量；

　　　x——相对压力 P/P_0；

　　　k——常数。

式（3.7）适用的相对压力范围为 $x>0.35$。对 $\ln(N/N_m)$ 与 $\ln[-\ln(p/p_0)]$ 作图，则斜率 $S=-f(D_s)$。

Avnir 和 Jaroniec 在微孔固体表面吸附的 Dubinin-Radushkevich 等温方程中引入了分形维数 D_s，得到如下表达式：

$$f(D_s)=3-D_s \tag{3.8}$$

Yin 从微孔充填过程分析的角度也得到了式（3.8）。

Pfeifer 等研究 $f(D_s)$ 表达式时发现，在主要考察毛细管凝结作用的模型

（如 Avni 和 Jaroniec 及 Yin 的吸附模型）中，会得到如式（3.8）所示的关系；而当范德华作用力对吸附起主要作用即忽略毛细管作用时，将得到式（3.9）。二者之间差异很大，且一般不易判断是范德华力还是毛细管凝结起主要作用。

$$f(D_s) = (3 - D_s)/3 \tag{3.9}$$

另外，也有学者 Neimark、Jaroniec 和 Pfeifer 等认为 FHH 方程分别适用于微孔（$<2nm$）中的吸附、脱附过程，此时毛细凝结作用为吸附的主要机理，吸附时相对压力范围为 $0.7320 < x < 0.9826$，脱附时相对压力范围为 $x > 0.35$，相应的 FHH 方程的形式为

$$\ln(N/N_m) = (D_s - 3)\ln(-\ln x) + C \tag{3.10}$$

泥沙颗粒对氮气的吸附脱附曲线存在滞后圈证明毛细管凝结现象的存在，且在很大范围内占据主要地位，只有在相对压强较小（x 小于 0.35）时范德华力才占主要地位。因此本书泥沙颗粒的分形维数计算主要考虑毛细管凝结现象占主要地位，即使用式（3.7）、式（3.8）和式（3.10）。

 ## 3.8　小结

本章主要介绍和研究了试验所用的主要材料、仪器设备、试验条件、试验方法和试验步骤，最后介绍了试验检测分析方法的可靠性。主要结论如下。

1. 试验材料和试验仪器

预备试验采用不同泥沙级配粗沙、中沙和细沙的泥沙进行不同泥沙浓度的试验，正式试验采用不同粒径的细沙进行。

本试验 As 的测定采用原子荧光分光光度计根据标准分析方法进行。

2. 试验条件

本试验基本条件为 pH 值取值范围为 $6.5\sim9$；全温振荡器将试验水温控制在（20 ± 0.3）℃。

3. 试验方法的可靠性结果

11 个批次标准曲线方法相关系数 R^2 值均在 0.9999 左右，相关性良好。

11 个批次中 9 个批次的样品测得的相对标准偏差都在 2.7% 以下，满足标准中标准偏差小于 3% 的要求。

11 个批次水样测得的加标回收率在 97%～109% 之间，满足方法要求的 90%～110%。

据此，可以判定本书试验结果数据可靠。

第4章

黄河泥沙级配和紊动条件对 As 的吸附影响及动力学模拟

为了了解黄河泥沙级配和紊动条件对泥沙吸附 As 污染物吸附效果的影响，本章特进行吸附试验的准备试验。预备试验分两步进行：①设计不同粒径的泥沙级配，分为粗沙、中沙和细沙，分别进行吸附平衡时间和饱和吸附量研究；②进行静态吸附和紊动吸附试验。

 ## 4.1 试验方案

4.1.1 泥沙级配筛选试验方案

黄河中下游自 2002 年首次调水调沙以来，花园口断面由于在小浪底库区下游，非汛期时的泥沙浓度均较低，泥沙浓度基本都在 5kg/m³ 以下。每年 6 月在小浪底水库调水调沙时期出现峰值，泥沙浓度最高可达 100～200kg/m³。根据花园口断面的具体情况，同时结合黄河水体的功能分区情况中对 As 污染物的限定标准，本次试验条件设定初始 As 浓度为 0.1mg/L，pH 值为 8.0，水温为 20℃，其他试验条件如下：

泥沙浓度：1kg/m³、5kg/m³、10kg/m³。

泥沙级配为按 3.1.2 节的泥沙中值粒径分级的粗沙、中沙和细沙。

吸附时间：5min、10min、15min、20min、25min、30min、60min、120min、180min、240min、300min、360min。

具体步骤如下：

1）活化：根据泥沙浓度要求称取一定量的干泥沙（分别为：粗沙、中沙、细沙），放入烧杯中，加入高纯水活化 24h。

2）泥沙浓度测定：将充分活化好的泥沙转移至 1L 沉降桶内，加高纯水定容，用搅拌器搅拌，待泥沙浓度上下分布均匀时，用比重瓶测量实际泥沙浓度。

3）向配好的沙水混合液中加入砷标准储备液，使得混合液中砷的初始浓度为 0.2mg/L，混匀后静置计时，分别在 5min、10min、15min、20min、25min、30min、60min、120min、180min、240min、300min、360min 取水样。

4）水样经过滤后采用 AFS-8220 原子荧光光谱仪进行检测。

4.1.2 静态和紊动吸附试验方案

根据 4.1.1 节试验过程确定出细沙较中沙和粗沙对 As 具有较好的吸附效果，故后续试验均采用细沙进行研究。为了解静态吸附和紊动吸附的不同效果，本次试验在完全相同的试验条件下分别研究静态和紊动条件对细沙吸附 As 的影响。两组试验分别为：①静态条件下细沙对砷的等温吸附试验；②紊动条件下细沙对砷的等温吸附试验。

根据第 2 章研究区情况介绍和第 3 章黄河的水的温度和 pH 值历年统计数据，确定本次试验 pH 值为 8.0，As 的浓度为 0.1mg/L，由于前面试验所得的结论为细颗粒级配的泥沙对吸附的影响较大，所以设定试验时的泥沙级配为细沙；试验所采用的泥沙按照浓度梯度分别为：$1kg/m^3$、$5kg/m^3$、$10kg/m^3$、$15kg/m^3$、$20kg/m^3$、$25kg/m^3$、$100kg/m^3$ 和 $200kg/m^3$；鉴于泥沙对砷的吸附预备试验的结论可知，不同泥沙级配的泥沙在 30min 前均能达到对砷的吸附平衡，所以在此设定泥沙对砷的吸附时间分别为 5min、10min、15min、20min、25min、30min、45min、60min、90min、120min 的吸附平衡时间试验和 5min、10min、15min、20min、25min、30min、45min、60min 的吸附试验。试验条件见表 4.1，试验步骤同 4.1.1 节。

表 4.1   细沙对砷吸附试验条件

试验条件	泥沙浓度/(kg/m³)	搅拌速度/(r/min)	吸附平衡时间/min
静态	1、5、10、15、20、25、100、200	0	5、10、15、20、25、30、45、60、90、120
紊动	1、5、10、15、20、25、100、200	300	

4.2 试验结果及分析

4.2.1 不同泥沙级配吸附平衡时间

1. 泥沙吸附平衡时间

为了解不同泥沙级配吸附平衡时间的差异,根据 3.1.2 节的泥沙级配分别选取粗沙、中沙和细沙进行吸附平衡试验。泥沙浓度分别为 $1kg/m^3$、$5kg/m^3$、$10kg/m^3$,对 5min、10min、15min、20min、25min、30min、45min、60min、90min、120min 时单位质量泥沙对砷的吸附量随时间的变化进行分析,从而得到单位质量泥沙对砷的吸附量随时间变化的曲线如图 4.1 所示。

从图 4.1 可以看出:

(1) 含沙量为 $1.0kg/m^3$ 时,粗沙在 30min 内均能达到平衡,平衡吸附量基本稳定在 $18\mu g/g$ 左右;中沙对 As 的吸附在 45min 内均能达到平衡,平衡吸附量基本稳定在 $40\mu g/g$ 左右;而细沙对 As 的吸附稍慢些,基本在 60min 内达到了稳定吸附平衡,平衡吸附量基本稳定在 $52\mu g/g$ 左右。

(2) 含沙量为 $5.0kg/m^3$ 时,粗沙在 30min 内均能达到平衡,平衡吸附量基本稳定在 $17\mu g/g$ 左右;中沙对 As 的吸附在 45min 内均能达到平衡,平衡吸附量基本稳定在 $23\mu g/g$ 左右;而细沙对 As 的吸附稍慢些,基本在 60min 内达到了稳定吸附平衡,平衡吸附量基本稳定在 $44\mu g/g$ 左右。

(3) 含沙量为 $10.0kg/m^3$ 时,粗沙也在 30min 内均能达到平衡,平衡吸附量基本稳定在 $15\mu g/g$ 左右;中沙对 As 的吸附在 45min 内均能达到平衡,平衡吸附量基本稳定在 $20\mu g/g$ 左右;而细沙对 As 的吸附稍慢些,基本在 60min 内达到了稳定吸附平衡,平衡吸附量基本稳定在 $38\mu g/g$ 左右。

整体表现为:泥沙对 As 的吸附平衡时间随泥沙级配的不同而不同,泥沙级配越大,平衡吸附时间越短,粗沙、中沙和细沙的平衡吸附时间分别为 30min、45min 和 60min;有所不同的是粗沙对 As 的吸附平衡表现为一种动态的相对平衡状态,到达平衡吸附后单位细沙平衡吸附量稍有波动,而细沙相对稳定。原因可能是泥沙颗粒大受到吸附-解吸的影响就会明显,吸附平衡表现不够突出。从单位泥沙吸附量分析,表现为细沙吸附量高于粗沙和中沙。根据吸附机理理论,吸附效应是一种泥沙的表面反应,含沙量越大,泥沙的总表面积也就越大,可供 As 污染物吸附的吸附位越多,泥沙表面吸附水相中的 As 的概率也就越高。因此,随着含沙量的增大,泥沙对水相中 As 污染物的吸附速率就越大,从而达到动态吸附平衡的历时也就越短。该结论与前人的泥沙对重金属 Pb 和 Cd 的研究结论相似,进一步证明泥沙对 As 污染物的吸附符合重

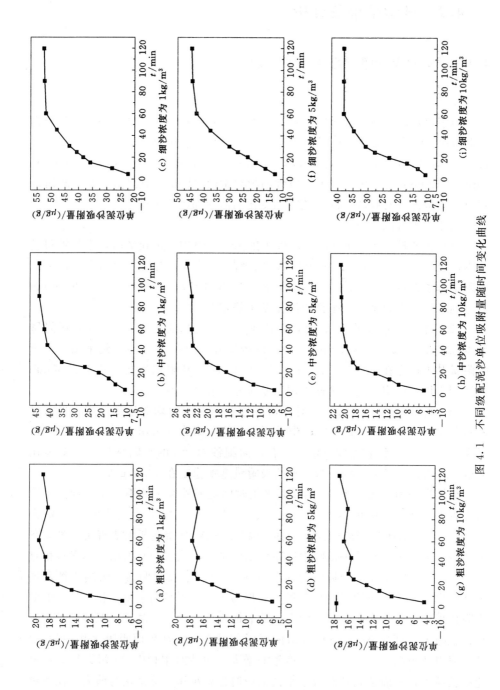

图 4.1　不同级配泥沙单位吸附量随时间变化曲线

金属离子的吸附，As作为非金属污染物其毒性类重金属，吸附效应也类重金属。

从吸附平衡时间可以看出，泥沙对As的吸附过程可以分成快反应阶段和慢反应阶段。吸附刚刚开始的0~20min为快反应阶段，在这个阶段吸内附速率快，水相中As浓度下降明显，单位泥沙吸附As污染物的量随时间快速增加。而慢反应阶段包括两部分：20~60min为第一部分，吸附反应速率受到不断缓慢释放As的影响而明显降低；60min之后为第二部分，对数直线斜率接近于0，吸附已基本饱和。

2. 泥沙级配吸附效应

根据吸附平衡时间可以看出，当时间达到60min后粗沙、中沙和细沙均已达到动态吸附平衡，因此选取60min时水样中的As浓度进行试验，探究不同级配泥沙（粗沙、中沙、细沙）在不同泥沙浓度（1kg/m³、5kg/m³、10kg/m³、15kg/m³、20kg/m³、25kg/m³、100kg/m³、200kg/m³）条件下对As的吸持率和单位泥沙吸附量的效果，试验结果见图4.2。

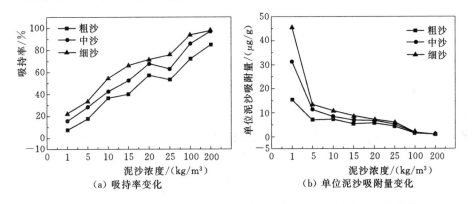

（a）吸持率变化　　　　　　　（b）单位泥沙吸附量变化

图4.2　不同级配泥沙对砷吸持率和单位吸附量随泥沙浓度的变化曲线

由图4.2可以看出：

（1）不同泥沙级配的粗沙、中沙和细沙对砷的单位泥沙吸附量随着泥沙浓度的增大而减少。当泥沙浓度大于25kg/m³时，各级配对砷的单位泥沙吸附量的差值均逐渐减小。

（2）随着泥沙浓度的增大，不同级配的泥沙对砷的吸持率均增大。泥沙浓度相同时，吸持率随着泥沙级配的减小而增加，泥沙级配越小，同浓度泥沙对砷的吸持率越大，表现出明显的细沙＞中沙＞粗沙的规律。

根据试验结果可知，泥沙级配和泥沙浓度对砷吸持率和单位泥沙吸附量都有很大的影响。随着泥沙浓度的增大，粗沙、中沙和细沙对砷的吸持率均呈现上升趋势；相反，单位泥沙吸附量却表现出相反的规律。同一泥沙浓度，吸持率随着泥沙级配的减小而增加，级配越小，单位质量泥沙对砷的吸持率越大，呈现出细沙＞中沙＞粗沙的规律。

出现这种现象的原因是由于泥沙颗粒的对 As 污染物的吸附主要包括物理吸附作用和化学吸附作用。物理吸附主要受到泥沙的比表面积控制，泥沙颗粒越细，泥沙的比表面积越大，能够提供更多的吸附点位，因而对砷污染物的物理吸附量也就越大。同样，化学吸附与泥沙颗粒所含的各种活性成分有关，一般而言，泥沙颗粒越细，它所含活性成分也就越多，相应地，其对砷的吸附能力也就越强；相反，泥沙颗粒越粗，表面所含原生矿物成分也就越多，对砷的吸附能力也就越弱[159-162]。同一泥沙级配时，泥沙对 As 污染物的吸持率随着泥沙浓度的增加而有所增加，当泥沙浓度为 $1kg/m^3$、$5kg/m^3$、$10kg/m^3$、$15kg/m^3$、$20kg/m^3$、$25kg/m^3$ 时，吸持率增加较快，而当泥沙浓度大于 $25kg/m^3$ 时，吸持率增加较缓慢，基本趋于稳定。

一般而言，依据泥沙浓度将泥沙分为中低浓度（$1\sim25kg/m^3$）和高浓度（$100\sim200kg/m^3$）。中低泥沙浓度时，当大于 $10kg/m^3$ 时，泥沙对砷的单位质量吸附量变化逐渐减小。泥沙浓度越小单位质量泥沙对 As 的吸附量越大，随着泥沙浓度的增加，单位质量泥沙对砷的吸附量逐渐减少，且泥沙浓度越低，这种影响越显著。

这种现象出现的原因是：在混合均匀的水-沙体系中，泥沙与水中的砷污染物得到了充分接触，吸附渐渐趋向饱和；较高泥沙浓度的条件下，大量泥沙对水中的砷具有一定程度的稀释分散作用，从而一定程度上抑制了单位泥沙吸附量的增加。而较低泥沙浓度时，这种稀释作用不明显，因此，单位质量泥沙的吸附作用较为明显，对水相有一定的净化作用[99]。

将试验数据分别进行曲线拟合，得到图 4.3 和图 4.4。

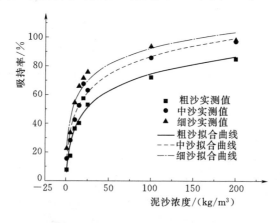

图 4.3 实测和拟合的 As 吸附过程线

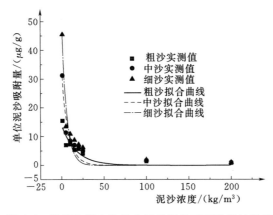

图 4.4 实测和拟合的单位质量泥沙对砷吸附过程线

由图 4.3 可以看出：随着泥沙浓度的增加，不同级配泥沙对砷的吸持率呈现对数增长上升趋势，粗沙、中沙和细沙的拟合对数曲线分别为：$y=-4.94977+\ln(x+0.87827)$；$y=1.82701+18.39164\ln(x+0.93167)$；$y=18.11783+\ln(x+0.19136)$。粗沙、中沙和细沙 3 种泥沙级配的回归方程的相关系数 R^2 分别为 0.94533、0.95876 和 0.93463，拟合相关系数说明所得曲线方程相关性较好。

由图 4.4 可以看出，随着泥沙浓度的增加，不同泥沙级配对砷污染物的单位泥沙吸附量呈指数规律下降规律。这种效应即通常所指的"泥沙效应"[27]。粗沙、中沙和细沙 3 种泥沙级配的拟合幂函数曲线分别为：$y=13.8559x^{0.94327}$，$y=32.0145x^{0.88357}$，$y=50.7346x^{0.841417}$。粗沙、中沙和细沙 3 种泥沙级配回归方程的决定系数 R^2 分别为 0.7562、0.9425 和 0.9674，试验拟合结果表明曲线方程相关性较好。

4.2.2 泥沙静态和紊动吸附试验结果

为了解紊动条件对泥沙吸附的影响，试验选取静态吸附和紊动吸附对比。分别选取 1kg/m³、5kg/m³、10kg/m³ 三个泥沙浓度的细沙进行对比试验，试验结果见图 4.5。

从图 4.5 可以看出：

（1）含沙量为 1.0kg/m³ 时，最初 5min 内，静态和紊动条件对吸附影响不大，单位泥沙吸附量均在 17μg/g 左右，但随着时间的递增，单位细沙吸附量差异越来越大，30min 时，紊动状态的吸附量达到了 45.89μg/g，是静止状态的 2.3 倍。

（2）细沙浓度为 5.0kg/m³，5min 时，紊动状态的单位细沙吸附量为 13.97μg/g，已经高于静止的 8.47μg/g，30min 时，紊动状态的吸附量达到了 18.02μg/g，是静止状态的 1.6 倍；细沙浓度为 10.0kg/m³，5min 时，紊动状

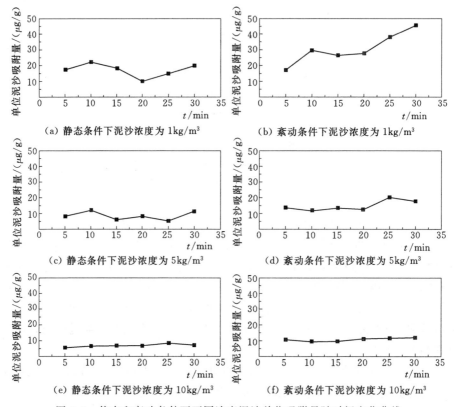

图 4.5　静态和紊动条件下不同浓度泥沙单位吸附量随时间变化曲线

态的单位细沙吸附量为 $10.68\mu g/g$，已经高于静止时的 $5.17\mu g/g$，30min 时，紊动状态的吸附量达到了 $12.11\mu g/g$，是静止状态的 2 倍。

由此可见：紊动条件有利于泥沙与 As 污染物的充分接触，从而有利于吸附作用的发生；同时，紊动条件也有利于吸附解吸的充分进行，有利于达到稳定的动态的吸附平衡。所以后续试验均在紊动条件下进行。

4.3　吸附动力学模型模拟结果分析

4.3.1　反应动力学模型拟合

1. 不同泥沙级配反应动力学模型拟合

为了进一步揭示吸附机理，研究吸附动力学规律，应用一级动力学和二级动力学模型对不同泥沙级配的试验数据进行拟合，动力学方程式见式（3.2）和式（3.4），从而得到不同泥沙级配的一级动力学模型和二级动力学方程。具体粗沙、中沙和细沙的试验的模型参数见表 4.2，拟合图像见图 4.6、图 4.7。

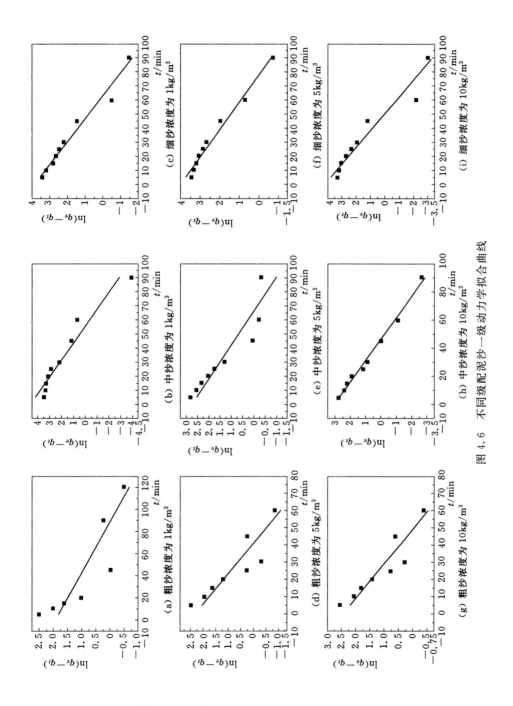

图 4.6　不同级配泥沙一级动力学拟合曲线

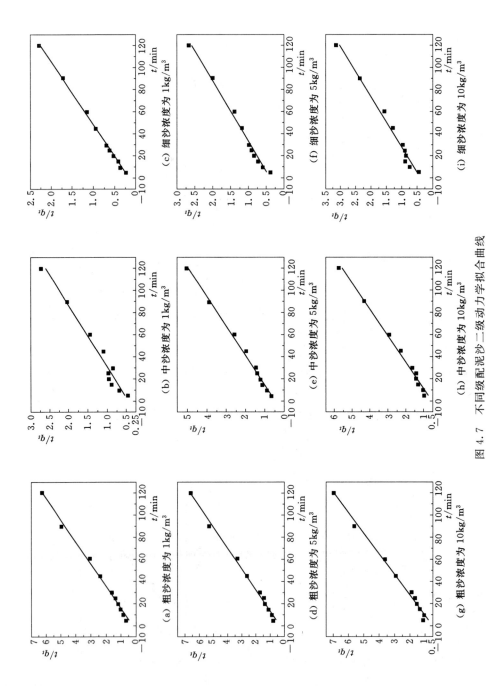

图 4.7　不同级配泥沙二级动力学拟合曲线

表 4.2 不同级配条件下动力学模型参数

泥沙级配	泥沙浓度 /(kg/m³)	一级动力学模型				二级动力学模型			
		k_1 /[g/(μg·min)]	q_e /(μg/g)	q_e^* /(μg/g)	R^2	k_2 /[g/(μg·min)]	q_e /(μg/g)	q_e^* /(μg/g)	R^2
粗沙	1	0.0218	6.8569	19.6300	0.7066	0.0115	19.8650	19.6300	0.9949
	5	0.0567	10.1736	18.2200	0.7786	0.0089	18.9466	18.2200	0.9941
	10	0.0496	11.5742	17.3200	0.8374	0.0057	18.6047	17.3200	0.9909
中沙	1	0.0836	100.3195	44.1400	0.9198	0.0007	55.8347	44.1400	0.9662
	5	0.0415	15.6143	23.9900	0.8481	0.0032	26.6667	23.9900	0.9958
	10	0.0653	20.6768	20.9100	0.9902	0.0033	23.8095	20.9100	0.9897
细沙	1	0.0610	46.5078	52.6400	0.9624	0.0019	57.2738	52.6400	0.9985
	5	0.0514	54.2900	44.9700	0.9769	0.0009	54.2888	44.9700	0.9886
	10	0.0835	65.7559	38.1700	0.9218	0.0012	45.4959	38.1700	0.9834

从拟合图和模型参数表可以明显地看出：

（1）二级动力学方程能更好地描述不同级配的泥沙吸附 As 污染物的吸附过程，呈现很好的线性相关性。从表 4.2 看出不论是粗沙、中沙和细沙的二级动力学模型拟合的相关系数 R^2 均能达到 0.98 以上，其中，粗沙的 R^2>中沙的 R^2>细沙的 R^2，粗沙的二级动力学模型拟合的相关系数 R^2 均能达到 0.99 以上；一级动力学相关系数 R^2 为整体表现为粗沙＜中沙＜细沙。

（2）从拟合出来的平衡吸附量 q_e 和试验所得平衡吸附量 q_e^* 的差值来看，二级动力学拟合的数据误差较小，一级动力学拟合的数据误差比较大。

由此说明不同级配泥沙吸附 As 的过程更适合用准二级动力学方程来描述。二级动力学假定吸附速率受化学吸附机理的控制，表征的吸附剂与吸附质之间的电子公用或电子转移，这说明泥沙吸附 As 的过程存在化学吸附的作用[163,164]。

2. 静态和动态条件下反应动力学模型拟合

为了进一步揭示吸附机理，研究吸附动力学规律，应用准一级动力学和准二级动力学模型对静态和紊动条件的试验数据进行拟合，动力学方程式见式（3.2）和式（3.4），从而得到静态和紊动条件下的一级动力学模型和二级动力学方程。具体静态和紊动条件下的试验的拟合参数见表 4.3，拟合图像见图 4.8 和图 4.9。

从拟合图上和模型参数表上可明显地看出：

（1）二级动力学方程能更好地描述静态和紊动条件下的泥沙吸附 As 污染物的吸附过程，呈现较好的线性相关性。从表 4.3 看出静态的二级动力学模型

表 4.3　　　　　　　　　　静态紊动条件下动力学模型相关参数

试验条件	泥沙浓度 /(kg/m³)	一级动力学模型				二级动力学模型			
		k_1 /[g/(μg·min)]	q_e /(μg/g)	q_e^* /(μg/g)	R^2	k_2 /[g/(μg·min)]	q_e /(μg/g)	q_e^* /(μg/g)	R^2
静态	1	0.0360	6.7486	22.5410	0.9560	0.0107	23.0044	22.5410	0.9445
	5	0.0574	29.8108	16.5485	0.8108	0.0047	18.2815	16.5485	0.8552
	10	0.0338	5.3338	9.6825	0.7849	0.0105	10.5186	9.6825	0.9567
紊动	1	0.0277	58.8758	68.5410	0.7707	0.0004	94.6970	68.5410	0.9461
	5	0.0471	13.1252	20.9532	0.8211	0.0049	23.5350	20.9532	0.9457
	10	0.0370	6.7793	14.6038	0.8231	0.0091	15.7257	14.6038	0.9804

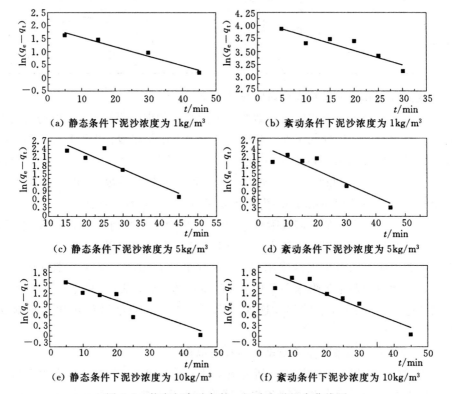

（a）静态条件下泥沙浓度为 1kg/m³

（b）紊动条件下泥沙浓度为 1kg/m³

（c）静态条件下泥沙浓度为 5kg/m³

（d）紊动条件下泥沙浓度为 5kg/m³

（e）静态条件下泥沙浓度为 10kg/m³

（f）紊动条件下泥沙浓度为 10kg/m³

图 4.8　静态与紊动条件一级动力学拟合曲线图

拟合的相关系数 R^2 范围为 0.855~0.957，而紊动态的二级动力学模型拟合的相关系数 R^2 范围为 0.0.946~0.980，紊动状态拟合更好；一级动力学相关系数 R^2 范围为 0.771~0.956，拟合效果不如二级。

（2）从拟合出来的平衡吸附量 q_e 和试验所得平衡吸附量 q_e^* 的差值来看，二级动力学拟合的数据误差较小，一级动力学拟合的数据误差比较大。

由此说明不同级配泥沙吸附 As 的过程更适合用准二级动力学方程来描述。

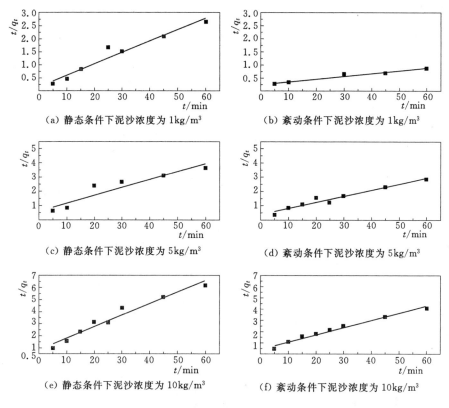

图 4.9　静态与紊动条件二级动力学拟合曲线图

二级动力学假定吸附速率受化学吸附机理的控制，表征的吸附剂与吸附质之间的电子公用或电子转移，这说明泥沙吸附 As 的过程存在化学吸附的作用。

4.3.2　传质动力学模型拟合

1. 不同泥沙级配条件下传质动力学模型拟合

反应动力学规律表明，As 在泥沙上的吸附可以较好地用二级动力学方程拟合，通过模型拟合后可以看出整个吸附过程包含了吸附反应的三个阶段：液膜外部扩散、表面吸附和颗粒内扩散[165]。吸附反应速率一般是由反应速率最慢的步骤（即速控步骤）控制。由于表面的化学反应能够很快完成，因此，速控步骤可能是液膜外部扩散、颗粒内扩散或者两者共同控制。为了更好表征吸附过程的进行，采用传质动力学模型对试验数据进行模拟，传质动力学模型模拟结果可以用来表征吸附具体过程的控制因素。常用的传质动力学模型为颗粒内扩散模型，颗粒内扩散模型可以用来判断吸附反应的速率控制步骤，其方程表达式见式（3.5），该试验的拟合参数见表 4.4，拟合图像见图 4.10。

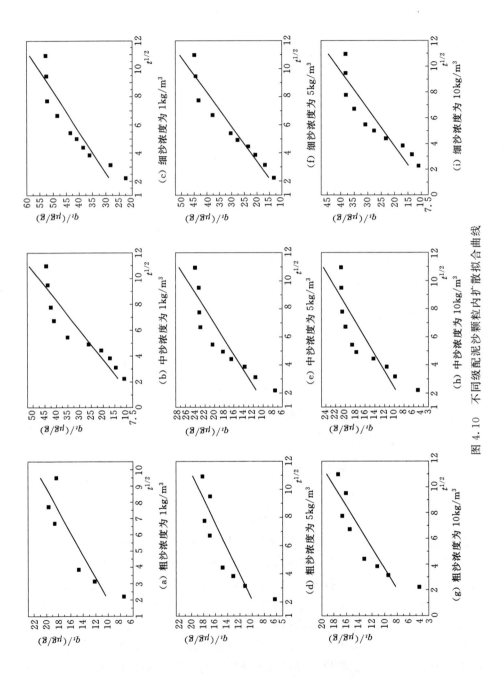

图 4.10 不同级配泥沙颗粒内扩散拟合曲线

表 4.4	不同级配条件下颗粒内扩散模型相关参数			
泥沙级配	泥沙浓度/(kg/m³)	$k_i/[\mu g/(g \cdot min^{1/2})]$	C	R^2
粗沙	1	1.4582	7.0865	0.7345
	5	1.1109	7.6661	0.6914
	10	1.2489	5.3729	0.7491
中沙	1	4.3428	3.9053	0.8351
	5	1.8254	7.3080	0.7755
	10	1.6953	5.8861	0.7130
细沙	1	3.430	21.1829	0.8258
	5	4.0575	6.2199	0.9138
	10	3.4324	6.9459	0.8108

颗粒内扩散方程中的截距 C 被认为表征边界层效应和膜扩散程度，其数值大小可以反映液膜扩散（外表面扩散）在吸附速率控制步骤中的影响程度。一般而言，C 越大，扩散边界层越厚，液膜扩散速率随着传质阻力的增大而下降，从而使得液膜扩散的影响也就更为显著[166]。

由表 4.4 的拟合参数看出，不同级配泥沙拟合后相关系数 R^2 平均值分别为 0.740、0.775 和 0.850，细沙拟合较中沙和粗沙好。同时，由于 C 不为 0，直线不经过原点，所以吸附反应主要受颗粒内扩散控制，但颗粒内扩散不是唯一的速率控制步骤[167]。吸附速率同时受到液膜扩散和表面吸附的作用。

2. 静态和动态条件下传质动力学模型拟合

根据反应动力学规律表明，As 在静态和动态条件下泥沙对其的吸附可以较好地用二级动力学方程拟合，该试验的拟合参数见表 4.5，拟合图像见图 4.11。

表 4.5	静态紊动条件下颗粒内扩散模型相关参数			
试验条件	泥沙浓度/(kg/m³)	$k_i/[\mu g/(g \cdot min^{1/2})]$	C	R^2
静态	1	0.9452	14.9929	0.9760
	5	2.7067	−3.9470	0.9836
	10	0.7632	3.4174	0.9198
紊动	1	9.8748	−7.6413	0.9042
	5	2.0828	5.3115	0.9154
	10	1.1036	6.1275	0.9910

颗粒内扩散方程中的截距 C 被认为表征边界层效应和膜扩散程度，其数值大小可以反映液膜扩散（外表面扩散）在吸附速率控制步骤中的影响程度。一般而言，C 越大，扩散边界层越厚，液膜扩散速率随着传质阻力的增大而下

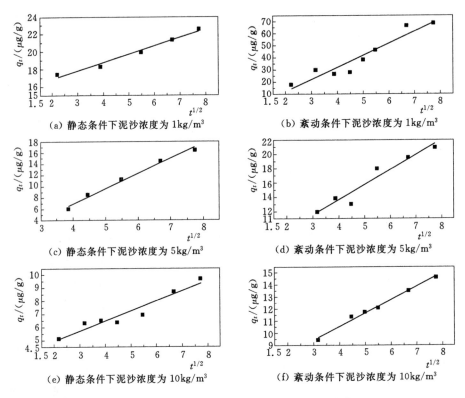

图 4.11 静态与紊动条件下颗粒内扩散拟合曲线图

降，从而使得液膜扩散的影响也就更为显著[166]。

由表 4.5 的拟合参数看出，静态和紊动条件下泥沙拟合后相关系数 R^2 平均值分别 0.960 和 0.9368，其中紊动条件下浓度为 10kg/m³ 细沙拟合后相关系数 R^2 为 0.991，说明拟合效果很好。同时，由于 C 不为 0，直线不经过原点，所以吸附反应主要受颗粒内扩散控制，但颗粒内扩散不是唯一的速率控制步骤[167]。吸附速率同时受到液膜扩散和表面吸附的作用。

4.4 小结

本章是预备试验，试验的目的是确定泥沙级配对吸附的影响以及不同级配泥沙的平衡吸附时间，在此基础上确定紊动条件对吸附的影响。通过本章试验设计，得出的主要结论如下：

（1）泥沙对 As 的吸附平衡时间随泥沙级配的不同而不同，泥沙级配越大，平衡吸附时间越短，粗沙、中沙和细沙的平衡吸附时间分别为 30min、45min 和 60min。

（2）泥沙浓度对泥沙吸附的影响为：泥沙浓度相同时，吸持率随着泥沙级配的减小而增加，级配越小，等量泥沙对砷的吸持率越大，呈现出细沙＞中沙＞粗沙的规律。

（3）当细沙浓度为 $1kg/m^3$、$5kg/m^3$、$10kg/m^3$ 时，紊动条件对吸附影响较大，30min 时单位细沙对 As 的吸附量是静止时的 1.6～2.3 倍。

（4）吸附动力学试验结果表明：二级动力学方程能够更好地表达不同级配泥沙吸附过程；传质动力学模型拟合表明吸附反应主要受颗粒内扩散控制，同时吸附速率受到液膜扩散和表面吸附的作用。

第 5 章

黄河细沙对砷的平衡吸附试验研究

5.1 试验方案设计

5.1.1 正交试验方案设计及结果分析

为模拟黄河自然条件，试验拟定 pH 值为 6~9.5（黄河水年际 pH 值波动范围为 6.5~8.5），温度取 10~40℃（黄河水花园口年际温度波动范围为 0~30℃）。为研究单因素对泥沙吸持砷影响的最优试验条件分别设计正交试验。以 pH 值正交试验为例：首先，预设泥沙浓度均为 10kg/m³；然后，进行 pH 值为 8.0 时温度、振速、初始砷浓度、泥沙粒径 4 个因素 4 个水平的正交试验；最后，按照此步骤分别进行温度、初始砷浓度、泥沙粒径和振速的正交试验方案设计，根据试验结果数据利用 Matlab 编程并分别作出每一个正交试验的结果分析图，见图 5.1~图 5.5。由图 5.1~图 5.5 可以清晰看出正交试验最优条件，整理结果见表 5.1。

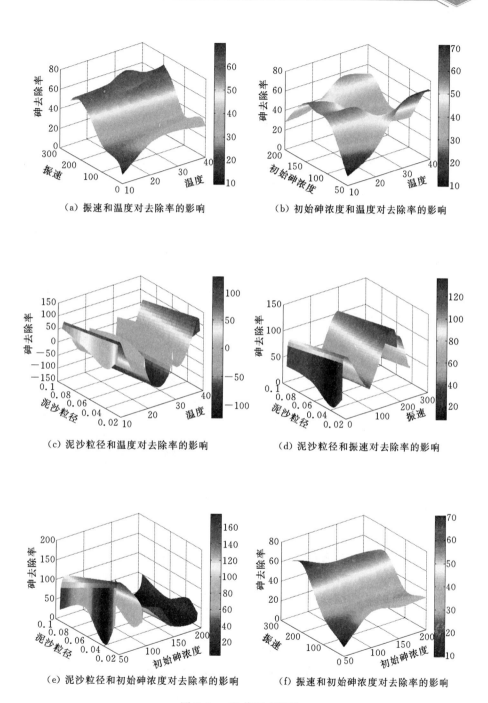

（a）振速和温度对去除率的影响

（b）初始砷浓度和温度对去除率的影响

（c）泥沙粒径和温度对去除率的影响

（d）泥沙粒径和振速对去除率的影响

（e）泥沙粒径和初始砷浓度对去除率的影响

（f）振速和初始砷浓度对去除率的影响

图 5.1　pH 值正交试验

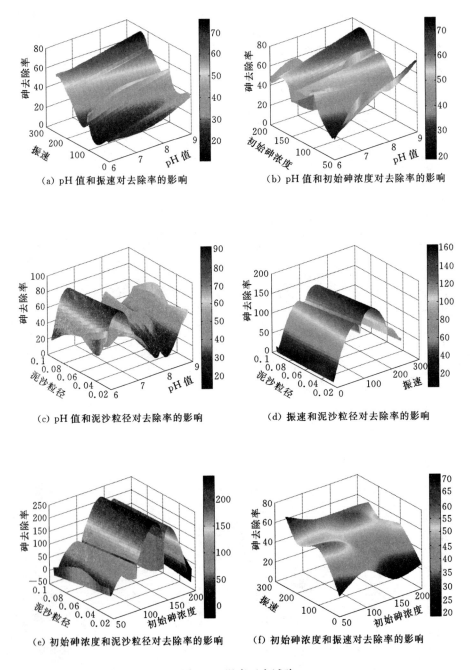

（a）pH 值和振速对去除率的影响

（b）pH 值和初始砷浓度对去除率的影响

（c）pH 值和泥沙粒径对去除率的影响

（d）振速和泥沙粒径对去除率的影响

（e）初始砷浓度和泥沙粒径对去除率的影响

（f）初始砷浓度和振速对去除率的影响

图 5.2 温度正交试验

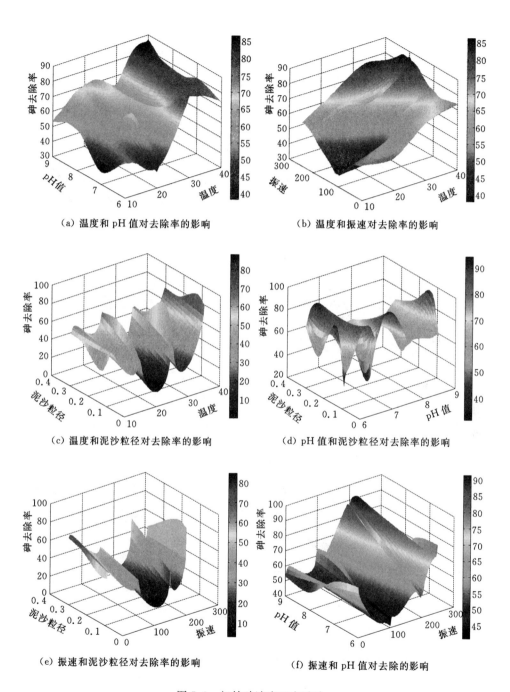

（a）温度和 pH 值对去除率的影响　　　　（b）温度和振速对去除率的影响

（c）温度和泥沙粒径对去除率的影响　　　　（d）pH 值和泥沙粒径对去除率的影响

（e）振速和泥沙粒径对去除率的影响　　　　（f）振速和 pH 值对去除的影响

图 5.3　初始砷浓度正交试验

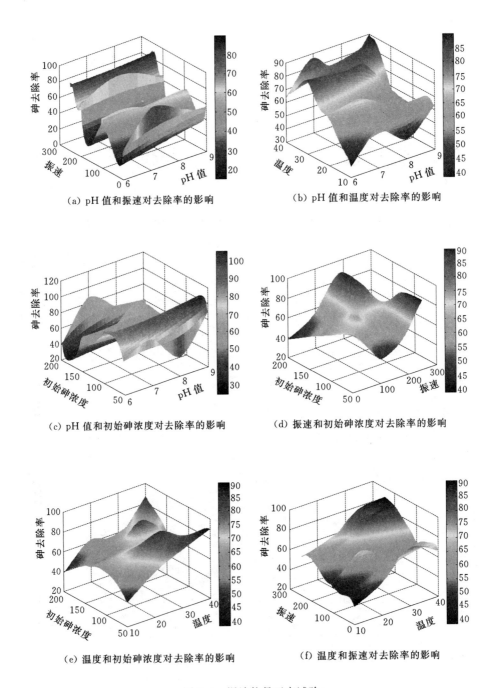

（a）pH 值和振速对去除率的影响　　（b）pH 值和温度对去除率的影响

（c）pH 值和初始砷浓度对去除率的影响　　（d）振速和初始砷浓度对去除率的影响

（e）温度和初始砷浓度对去除率的影响　　（f）温度和振速对去除率的影响

图 5.4　泥沙粒径正交试验

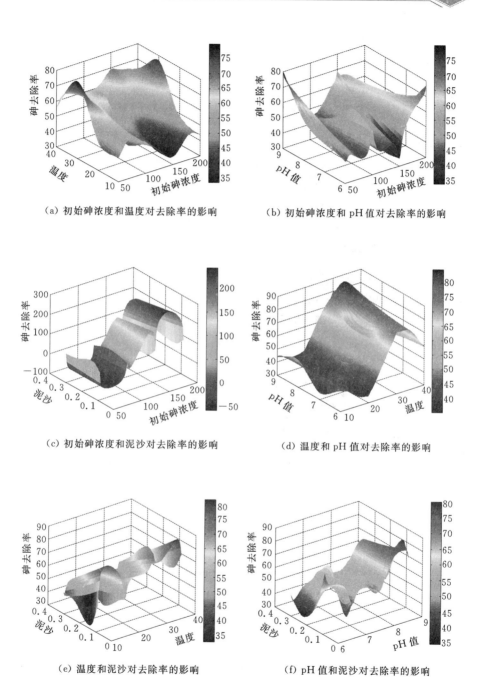

（a）初始砷浓度和温度对去除率的影响　　（b）初始砷浓度和 pH 值对去除率的影响

（c）初始砷浓度和泥沙对去除率的影响　　（d）温度和 pH 值对去除率的影响

（e）温度和泥沙对去除率的影响　　（f）pH 值和泥沙对去除率的影响

图 5.5　振速正交试验

表5.1　　　　　　　　　　　　正 交 试 验 结 果

影响因素	最 优 试 验 条 件
pH 值＝8	T＝30℃、振速为 200r/min、初始砷浓度为 0.1mg/L、泥沙粒径为 0.3～0.45mm
T＝20℃	pH 值＝9、振速为 250r/min、初始砷浓度为 0.1mg/L、泥沙粒径为 0.3～0.45mm
初始砷浓度为 0.1mg/L	T＝40℃、振速为 250r/min、泥沙粒径为 0.15～0.3mm、pH 值＝9
泥沙粒径＞0.3mm	T＝40℃、振速为 200r/min、初始砷浓度为 0.1mg/L、pH 值＝7
振速＞120r/min	T＝30℃、pH 值＝9、初始砷浓度为 0.05mg/L、泥沙粒径为 0.0375～0.088mm

5.1.2　单因素试验

根据表 5.1 正交试验所得到的最优试验条件进行单因素试验，取泥沙浓度为 5kg/m³、10kg/m³、15kg/m³、20kg/m³、25kg/m³ 的 5 个系列，分别依据表 5.2 的试验条件进行单因素试验研究。

首先，研究最佳吸附条件下的平衡吸附时间；然后，研究每个因素对吸附的影响。由于泥沙对砷（Ⅲ）污染物的吸附在很短时间内（30～60min）就达到平衡，之后就处于动态吸附平衡状态。因此，等温吸附试验时间选取到 120min，单因素试验取样时间取 60min。具体单因素试验方案设计见表 5.2。

表5.2　　　　　　　　　　单因素试验方案设计

影响因素	试 验 设 计
pH 值	6.0、6.5、7.0、7.5、8.0、8.5、9.0、9.5
T/℃	10、13、15、18、20、25、30、35、40
初始砷浓度/(mg/L)	0.1、0.15、0.2、0.25、0.3、0.35、0.4
泥沙粒径/mm	＜0.0375、0.0375～0.088、0.088～0.15、0.15～0.3、0.3～0.45、0.45～2
振速/(r/min)	0、40、80、120、160、200、240

5.2　最佳试验条件下吸附平衡时间

在温度为 20℃、pH 值为 8、初始 As 浓度为 0.1mg/L、泥沙粒为 0.0375～0.088mm、振速为 120r/min 的最佳试验条件下，分别对不同取样时间内的 5 个泥沙浓度所对应的砷的吸持率作图，得到 5 个泥沙浓度下 As 的吸持率和单位泥沙吸附量随时间的变化曲线如图 5.6 所示。

由图 5.6 可以看出以下几点：

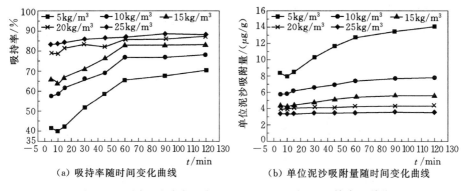

(a) 吸持率随时间变化曲线　　　　　(b) 单位泥沙吸附量随时间变化曲线

图 5.6　不同泥沙浓度下在 As＝0.1mg/L 时 As 吸持率及单位
泥沙吸附量随时间的变化规律

（1）没有共存离子存在时，不同泥沙浓度范围内，在 5～10min 时，随着时间变化砷吸持率曲线不太明显，出现这种现象的原因是由于水-沙体系混合不够均匀，吸附反应刚开始，解吸也同步开始，吸附-解吸的速率不一致，没有达到动态稳定，砷的吸持率变化也不稳定；在 10～60min 时间段内，不同泥沙浓度下砷吸持率随着时间的增加明显增加；在 60～120min，不同泥沙浓度下砷吸持率随着时间增加变化很小甚至不变，我们认为吸附和解吸达到可动态平衡，此时，可以认为达到吸附平衡。

（2）泥沙浓度越小，达到吸附饱和的时间就越长，泥沙浓度越高时，由于含沙量较大，几乎是在很短时间内就达到吸附饱和，单位泥沙吸附量变化较小。

（3）对于 5kg/m³ 的试样，吸持率从最初的 41.51％，到 60min 的 65.54％，随后的 60min 内到 120min 时，吸持率仅仅增加到了 70.19％，增加幅度很小；10kg/m³ 也表现出相同的规律，吸持率从最初的 57.48％，到 60min 时的 76.86％，随后到 120min 时，60min 内吸持率仅仅增加到了 78.06％，增加幅度依然很小；浓度为 15kg/m³、20kg/m³ 以及 25kg/m³ 的试样，最初的吸持率就较高，随后增加较慢，60min 后几乎没有增长；单位泥沙吸附量表现出相同的趋势，各浓度在 30min 时就达到了平衡吸附量的 73.4％～97.5％，60min 时就达到了平衡吸附量的 90.8％～98.7％。

由此可知，吸附试验的平衡时间选择在 60min。

 ## 5.3　泥沙吸持砷影响因素分析

5.3.1　不同浓度泥沙对砷（Ⅲ）污染物的吸持随 pH 值变化规律

对不同泥沙浓度、不同 pH 值、取样时间为 60min 时泥沙对砷污染物的进行 pH 值吸附试验，得到各泥沙浓度在达到饱和吸附时，吸持率随 pH 值的变化曲线如图 5.7（a）所示，单位泥沙吸附量随 pH 值的变化曲线见图 5.7（b）。

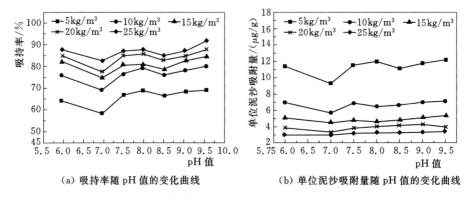

（a）吸持率随 pH 值的变化曲线　　　　（b）单位泥沙吸附量随 pH 值的变化曲线

图 5.7　不同浓度泥沙对砷（Ⅲ）污染物的吸持随 pH 值变化

由图 5.7 可以看出：

（1）不同浓度的泥沙在 pH 值＝6 时对砷的吸持率为 64.275%～87.442%，随后随着 pH 值的升高吸持率反而缓慢下降，当 pH 值＝7 时达到最低值 58.101%～82.542%，说明 pH 值为 6～7 时不利于泥沙对砷的吸持，此后随 pH 值的增大吸持率逐渐增大并稳定在一定水平，pH 值＝9.5 时吸持率均达到峰值 69.409%～91.715%。吸持率随 pH 值的变化规律表明 pH 值＞8 时，泥沙对砷的吸持效果较好。出现这种现象的原因是 As（Ⅲ）主要以 H_3AsO_3 形式存在，H_3AsO_3 是一种弱酸，在偏酸性溶液中 H_2AsO_3 所占比例小，pH 值在 6～7 时，溶液偏酸性，此时 As（Ⅲ）的吸附容量较小，所以导致 pH 值在 6～7 时砷的吸持率随 pH 值的增大而减小；而 pH 值大于 8 时，在所研究的 pH 值范围内（6＜pH 值＜9.5），As（Ⅲ）主要以 $H_2AsO_3^-$ 形式存在，它与泥沙中的铝、铁和钙等成分结合成难溶的化合物从而使 As 的吸附量增加，所以造成 pH 值＞8 时泥沙对砷的吸附效果较好。As（Ⅲ）在溶液的 pH 值＜9 的范围内，吸附容量随着 pH 值的增大逐渐增加，在 pH 值＝9 处吸附容量达到最大值。

（2）在 5～25kg/m³ 泥沙浓度范围内，随着泥沙浓度的增大，泥沙对 As（Ⅲ）污染物的吸持率也随之增大；而单位泥沙吸附量却相反，相同 pH 值的 5kg/m³ 的单位泥沙吸附量是 10kg/m³ 的 1.6～1.8 倍，是 15kg/m³ 的 2.0～2.3 倍，是 20kg/m³ 的 2.9～3.0 倍，是 25kg/m³ 的 3.3～3.8 倍。

试验表明，在不同的 pH 值变化范围内，低泥沙浓度的水沙体系中单位质量泥沙吸持 As（Ⅲ）污染物的量远高于高浓度泥沙水沙体系。这是因为泥沙浓度较低时，单位质量泥沙分布均匀，表面面积较大，故对吸附量的影响较大。

5.3.2   不同浓度泥沙对砷（Ⅲ）污染物的吸持随温度变化规律

在不同泥沙浓度、不同温度、取样时间为 60min 时进行泥沙对砷污染物的温度吸附试验，得到各泥沙浓度在达到饱和吸附时吸持率随温度的变化曲线，如图 5.8（a）所示，单位泥沙吸附量随温度的变化曲线见图 5.8（b）。

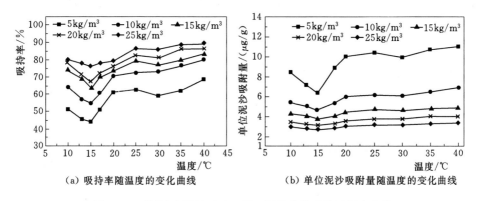

（a）吸持率随温度的变化曲线   （b）单位泥沙吸附量随温度的变化曲线

图 5.8   不同浓度泥沙对砷（Ⅲ）污染物的吸持随温度变化

由图 5.8 可以看出：

（1）当温度由 10℃升高至 15℃时，吸持率分别从 51.387%～79.965%下降到 43.935%～76.021%；至 15℃时降至最低，最低吸持率仅为 43.935%；15～20℃，随着温度升高吸持率也有较快增加，分别增加到 61.067%～78.998%；至 20℃时基本趋于稳定；20℃以后，随温度的升高吸持率稍有升高，但增高效应已经不太明显，5kg/m³ 浓度的泥沙的 40℃和 20℃的单位泥沙吸附量是 15℃的 1.7 倍和 1.6 倍。这是因为重金属在固体颗粒物上吸附效应包括正效应和负效应两方面。正效应是离子交换吸附，为吸热反应，温度升高促进离子交换吸附的进行；负效应即物理吸附，为放热反应，温度升高不利于物理吸附的进行。在 10～15℃时，温度较低，物理吸附起主要作用，故 10℃时吸持率相对较高；温度升至 15℃阻碍了物理吸附的进行，而化学吸附还不占主位，所以此时砷的吸持率开始下降；温度在 15～20℃砷的吸持率随温度的升高而升高，是因为温度大于 15℃以后化学吸附开始发挥主要作用，化学吸附是吸热反应，所以温度升高促进吸附反应的进行，吸持率也随之升高；温度升至 20℃之后吸持率升高缓慢并逐渐趋于稳定，这是因为随着温度的升高吸附反应逐渐趋于平衡，吸附接近饱和，此时温度已不再是影响泥沙对砷吸附效果的主要因素。

（2）泥沙浓度在 5～25kg/m³ 范围内，随着泥沙浓度的增大，泥沙对 As（Ⅲ）污染物的吸持率也随之增大；而单位泥沙吸附量却相反，温度相同时，5kg/m³ 的单位泥沙吸附量是 10kg/m³ 的 1.4～1.9 倍，是 15kg/m³ 的 1.7～2.3 倍，是 20kg/m³ 的 2.2～2.8 倍，是 25kg/m³ 的 2.4～3.3 倍。

试验表明，在不同的温度变化范围内，低浓度泥沙的水沙体系中单位质量泥沙吸持 As（Ⅲ）污染物的量远高于高浓度泥沙水沙体系。

5.3.3 不同浓度泥沙对砷（Ⅲ）污染物的吸持随初始砷浓度变化规律

在不同泥沙浓度、不同初始 As 污染物浓度、取样时间为 60min 时进行泥沙对砷污染物的初始污染物浓度吸附试验，得到各浓度泥沙在达到饱和吸附时吸持率随初始污染物浓度的变化曲线，如图 5.9（a）所示，单位泥沙吸附量随初始污染物浓度的变化曲线见图 5.9（b）。

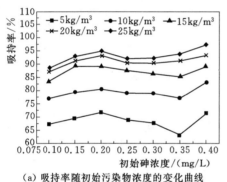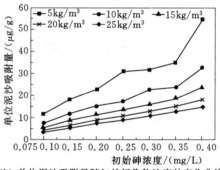

（a）吸持率随初始污染物浓度的变化曲线　　（b）单位泥沙吸附量随初始污染物浓度的变化曲线

图 5.9　不同浓度泥沙对砷（Ⅲ）污染物的吸持随初始砷浓度变化

由图 5.9 可以看出：

（1）不同浓度泥沙对砷（Ⅲ）吸附量随着初始浓度的增高而增大，5kg/m³ 泥沙在浓度为 0.1mg/L 时吸附量为 0.0116mg/g；当浓度达到 0.4mg/L 时吸附量为 0.0543mg/g，提高了 4.7 倍；10kg/m³、15kg/m³、20kg/m³、25kg/m³ 泥沙在浓度为 0.4mg/L 时单位泥沙吸附量与初始浓度为 0.1mg/L 时吸附量相比分别为提高了 4.3、4.5、4.2、4.1 倍。这是因为初始污染物浓度较高，增大了泥沙与污染物的接触面积，从而提高了吸持效果。

（2）泥沙浓度的增大，不同初始 As 浓度的吸持率分别从 63.228%～71.463% 增加到 88.585%～97.291%，泥沙浓度越大对 As 污染物的吸持率越大。

（3）在 5～25kg/m³ 泥沙浓度范围内，随着泥沙浓度的增大，泥沙对 As

（Ⅲ）污染物的吸持率也随之增大；而单位泥沙吸附量却相反，污染物 As 初始浓度相同时，5kg/m³ 的单位泥沙吸附量是 10kg/m³ 的 1.4～1.8 倍，是 15kg/m³ 的 2.1～2.3 倍，是 20kg/m³ 的 2.3～3.0 倍，是 25kg/m³ 的 3.0～3.8 倍。

试验表明，在不同的初始污染物浓度范围内，低泥沙浓度的水沙体系中单位质量泥沙吸持 As（Ⅲ）污染物的量远高于高浓度泥沙水沙体系。

5.3.4 不同浓度泥沙对砷（Ⅲ）污染物的吸持随泥沙粒径变化规律

在不同泥沙浓度、不同泥沙粒径、取样时间为 60min 时进行泥沙对砷污染物的泥沙粒径吸附试验，得到各泥沙浓度在达到饱和吸附时吸持率随泥沙粒径的变化曲线如图 5.10（a）所示，单位泥沙吸附量随泥沙粒径的变化曲线见图 5.10（b）。

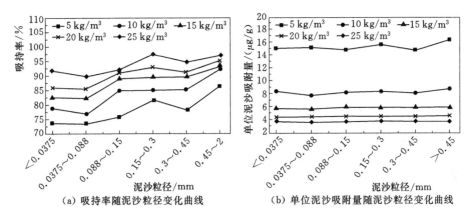

（a）吸持率随泥沙粒径变化曲线　　（b）单位泥沙吸附量随泥沙粒径变化曲线

图 5.10　不同浓度泥沙对砷（Ⅲ）污染物的吸持随泥沙粒径变化

图 5.10 可以看出：

（1）相同泥沙浓度时，泥沙对砷（Ⅲ）吸持率随着泥沙粒径的增大略有增大，但波动范围不大，基本稳定在一个较高的水平，泥沙粒径从＜0.0375mm 增大到 0.45～2mm 时，吸持率仅仅从 73.51%～91.72% 增大到 86.06%～96.6%，整体波动很小。

（2）泥沙浓度越低，吸持率越低，5kg/m³ 泥沙吸持率基本稳定在 73.39%～86.06%，25kg/m³ 泥沙的吸持率基本稳定在 89.80%～96.66%。单位泥沙吸附量随着泥沙粒径（0.0375～2mm）的变化无明显变化。低浓度泥沙的吸附量高于高浓度泥沙。由此说明，黄河花园口细沙在泥沙粒径为 0.0375～2mm 范围内对砷（Ⅲ）的吸持影响不大。

（3）在 5～25kg/m³ 泥沙浓度范围内，随着泥沙浓度的增大，泥沙对 As

（Ⅲ）污染物的吸持率也随之增大；而单位泥沙吸附量却相反，As 污染物粒径相同时，$5kg/m^3$ 的单位泥沙吸附量是 $10kg/m^3$ 的 $1.8\sim2.0$ 倍，是 $15kg/m^3$ 的 $2.5\sim2.8$ 倍，是 $20kg/m^3$ 的 $3.3\sim3.6$ 倍，是 $25kg/m^3$ 的 $4.0\sim4.4$ 倍。

5.3.5 泥沙对砷（Ⅲ）污染物吸持随振速的变化规律

在不同泥沙浓度、不同振速、取样时间为 60min 时进行泥沙对砷污染物的振速吸附试验，得到各泥沙浓度在达到饱和吸附时吸持率随振速的变化曲线如图 5.11（a）所示。单位泥沙吸附量随振速的变化曲线见图 5.11（b）。

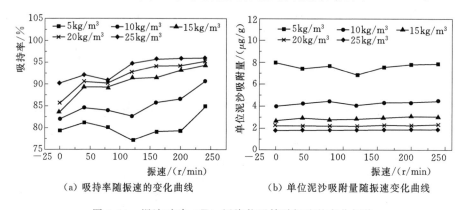

（a）吸持率随振速的变化曲线　　　（b）单位泥沙吸附量随振速变化曲线

图 5.11　泥沙对砷（Ⅲ）污染物吸持随振速的变化规律

图 5.11 可以看出：

（1）相同泥沙浓度时，泥沙对砷（Ⅲ）吸持率随着振速的增大略有波动但范围不大，基本稳定在一个较高的水平，振速从 0 增大到时 200r/min 时，$5kg/m^3$ 泥沙的吸持率在 $77.12\%\sim81.35\%$ 之间波动；$25kg/m^3$ 泥沙的吸持率在 $90.18\%\sim95.86\%$ 之间波动。

（2）随着泥沙浓度的增大，吸持率也增大，泥沙浓度从 $5kg/m^3$ 提高到 $25kg/m^3$ 时，吸持率随振速均有所提高，吸持率约提高了 $10.6\%\sim17.5\%$，振速总体上对泥沙吸持砷（Ⅲ）污染物影响不大；振速在 120r/min 时，不同浓度泥沙吸持均有所降低；振速超出 120r/min 时，均能略微促进吸持率的提高。

（3）在 $5\sim25kg/m^3$ 泥沙浓度范围内，随着泥沙浓度的增大，泥沙对 As（Ⅲ）污染物的吸持率也随之增大；而单位泥沙吸附量却相反，振速相同时，$5kg/m^3$ 的单位泥沙吸附量是 $10kg/m^3$ 的 $1.7\sim2.0$ 倍，是 $15kg/m^3$ 的 $2.4\sim3.0$ 倍，是 $20kg/m^3$ 的 $3.1\sim3.6$ 倍，是 $25kg/m^3$ 的 $3.7\sim4.4$ 倍。

5.3.6 泥沙吸持砷（Ⅲ）污染物因子影响分析

针对多个因子对泥沙吸持 As 污染物中的吸持效果影响，运用 matlab 软件，根据泥沙吸持 As 污染物的影响因子（pH 值、温度、泥沙浓度、泥沙粒径、初始污染物浓度、振速），建立多元回归方程见式（5.1）：

$$Y = 37.4818 + 0.9900X_1 + 1.1421X_2 + 0.8824X_3 - 0.0529X_4$$
$$- 22.5470X_5 - 4.9089X_6 \tag{5.1}$$

式中　Y——泥沙对重金属砷的吸附量；

　　　X_1——pH 值；

　　　X_2——泥沙浓度；

　　　X_3——温度；

　　　X_4——振速；

　　　X_5——初始砷浓度；

　　　X_6——泥沙粒径。

多元线性回归图见图 5.12。回归方程通过了假设检验，由回归方程系数和多元回归结果可知，在 6 个影响因素中，pH 值、温度、泥沙浓度对吸持率是正相关关系，其他三个因素为负相关。其中初始污染物浓度对吸持率影响最大。

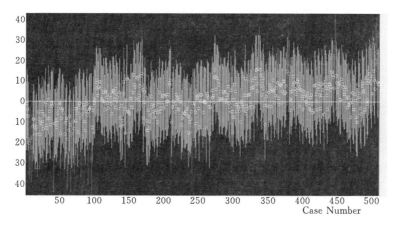

图 5.12　多元线性回归图

 ## 5.4　吸附等温线

吸附等温线是用来描述吸附到达平衡的时候，被吸附物在吸附剂表面的浓度和残留在溶液中的浓度之间的关系。通过吸附等温线可以进行吸附平衡数据的分析，从而可以研究泥沙对 As 污染物的吸附特征和吸附规律。

泥沙对重金属砷的吸附是一个动态平衡过程，根据前期试验结果得出在 60min 时泥沙对砷的吸附可达到平衡，根据 3.3.1 节等温吸附试验方案，在温度为 20℃、振速为 250r/min、pH 值＝9、泥沙浓度为 15kg/m³、泥沙粒径为 0.15～0.3mm 的条件下进行试验，可得出粒径在 0.15～0.30mm 的泥沙对不同浓度砷的吸附结果，见表 5.3。

表 5.3　泥沙对砷的等温吸附试验数据

初始砷浓度 /(μg/L)	平衡浓度 /(μg/L)	空白浓度 /(μg/L)	吸持率 /%	吸附量 /(μg/g)
100	24.996	10.666	85.670	5.711333
150	25.509	9.577	89.379	8.937867
200	32.812	10.924	89.056	11.87413
250	45.171	14.141	87.588	14.598
300	53.362	12.191	86.276	17.25527
350	63.017	10.718	85.057	19.84673
400	48.466	3.662	88.799	23.67973

目前，广泛使用的等温吸附方程包括 Langmuir 方程和 Freundlich 方程。

(1) Langmuir 方程。Langmuir 等温吸附方程在使用过程中有两个假定：①各分子的吸附能相同且与其在吸附质表面覆盖程度无关；②污染物的吸附仅发生在吸附剂的固定位置并且吸附质之间没有相互作用。

Langmuir 方程表示为

$$q_e = \frac{q_m + K_1 C_e}{1 + K_1 C_e} \tag{5.2}$$

Langmuir 方程线性表达式为

$$\frac{C_e}{q_e} = \frac{1}{K_1 q_m} + \frac{1}{q_m} C_e \tag{5.3}$$

式中　C_e——吸附平衡时溶液浓度，μg/L；

q_e——平衡时砷的吸附量，μg/g；

q_m——最大吸附量，μg/g；

K_1——等温吸附常数。

K_1 是与吸附结合能有关的常数，它反映吸附的强度；q_m 是反应吸附容量的参数；两者的乘积，则综合反应对离子的吸附特征，通常称为最大缓冲吸附容量。

(2) Freundlich 方程。Freundlich 方程可表示为式 (5.4)：

$$q_e = K_f C_e^n \tag{5.4}$$

Freundlich 方程的线性关系表达为式 (5.5)：

$$\lg q_e = \lg K_f + n \lg C_e \tag{5.5}$$

式中 K_f、n——常数项。

K_f 既能表示吸附强度，也能表示吸附容量，大致体现吸附能力的强弱，K_f 值越大表示泥沙对砷污染物的吸附力越强。n 值也可作为吸附剂对 As 污染物吸附作用的亲和力指标，n 值越小，表示吸附剂对 As 污染物的吸附能力越大。

该吸附方程式可以用来描述吸附过程的应用范围较宽，也可以表征天然介质材料的吸附现象。Freundlich 吸附方程是在假设吸附剂拥有呈降低趋势的吸附位能量分配的前提下试验的。

按照上述等温吸附方程对泥沙对砷等温吸附试验结果进行线性回归分析，拟合结果见图 5.13 及表 5.4。

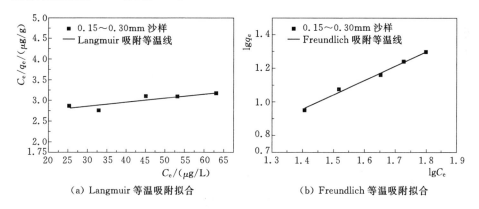

(a) Langmuir 等温吸附拟合   (b) Freundlich 等温吸附拟合

图 5.13　泥沙对砷等温吸附拟合曲线

表 5.4　　　　　　　　　　泥沙对砷吸附等温线拟合参数

样　品	Langmuir 吸附等温线 $\dfrac{C_e}{q_e}=\dfrac{1}{K_l q_m}+\dfrac{1}{q_m}C_e$			Freundlich 吸附等温线 $\lg q_e = \lg K_f + n\lg C_e$		
	$q_m/(\mu g/g)$	K_l	R^2	K_f	n	R^2
0.15～0.3mm 沙样	95.0570	0.0051	0.7467	6.73×10^{-7}	0.85535	0.9896

由表 5.4 可以看出，与 Langmuir 吸附等温线相比，Freundlich 吸附方程对于沙样的吸附数据均有较好的拟合度，相关系数达到显著水平（$R^2 >$ 0.9）。相比较而言，Freundlich 吸附方程更切合吸附动态。Freundlich 吸附方程适用于不均匀表面的吸附。由此可见泥沙对砷的吸附过程以不均匀吸附为主，并且，Freundlich 吸附方程所代表的能量关系是吸附热随吸附量呈对数形式降低。因此，土样表面上各种类型吸附位对砷而言在能量上是不相等的。

5.5 吸附动力学模型模拟结果分析

5.5.1 反应动力学模型拟合

为了全面地研究吸附动力学规律、探讨吸附机理，应用一级动力学和二级动力学模型对试验数据进行拟合，动力学方程式见式（3.2）和式（3.4），该试验的拟合图像见图 5.14，拟合参数见表 5.5。

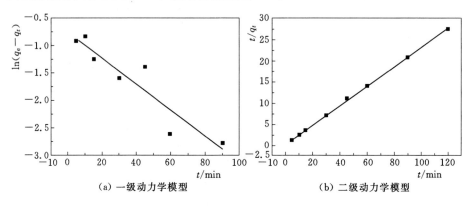

（a）一级动力学模型　　　　　（b）二级动力学模型

图 5.14　含 As 去离子水动力学模型拟合曲线

表 5.5   **含 As 水动力学模型相关参数**

试验条件	一级动力学模型				二级动力学模型			
	k_1 /[g/(μg·min)]	q_e /(μg/g)	q_e^* /(μg/g)	R^2	k_2 /[g/(μg·min)]	q_e /(μg/g)	q_e^* /(μg/g)	R^2
As	0.0236	0.4628	4.3555	0.8506	0.1665	4.3760	4.3555	0.9996

从拟合图可以明显地看出二级动力学方程能更好地描述泥沙吸附重金属 As 的吸附过程，呈现很好的线性相关性。从表 5.5 看出二级动力学模型拟合的相关系数 R^2 达到了 0.999，一级动力学相关系数 R^2 为 0.8506。另外从拟合出来的平衡吸附量 q_e 和试验所得平衡吸附量 q_e^* 的差值来看，二级动力学拟合的数据也更为接近，相差了 0.02μg/g，一级动力学拟合的数据误差相比就比较大。

由此说明，试验室条件下，泥沙吸附 As 的过程更适合用二级动力学方程来描述。二级动力学假定吸附速率受化学吸附机理的控制，这种化学吸附涉及吸附剂与吸附质之间的电子公用或电子转移，这说明泥沙吸附 As 的过程存在化学吸附的作用，该结论与已有文献中泥沙吸附 Cu 存在化学吸附的结论一致，表明 As 在环境中具有重金属属性。

5.5.2　传质动力学模型模拟分析

反应动力学规律表明，As 在泥沙上的吸附可以用二级动力学方程拟合，该试验的拟合图像见图 5.15，拟合参数见表 5.6。

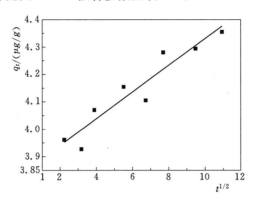

图 5.15　含 As 去离子水颗粒内扩散模型拟合

表 5.6　　　　　　　　　　颗粒内扩散模型相关参数

试验条件	$k_i/[\mu g/(g \cdot min^{1/2})]$	C	R^2
As	0.0486	3.8415	0.8894

颗粒内扩散方程中的截距 C 被认为表征边界层效应和膜扩散程度，其数值大小可以反映液膜扩散（外表面扩散）在吸附速率控制步骤中的影响程度。一般而言，C 越大，扩散边界层越厚，液膜扩散速率随着传质阻力的增大而下降，从而使得液膜扩散的影响也就更为显著[166]。

由表 5.6 的拟合参数看出，相关系数 R^2 为 0.8894。同时，由于 C 不为 0，直线不经过原点，所以吸附反应主要受颗粒内扩散控制，但颗粒内扩散不是唯一的速率控制步骤[167]。吸附速率同时受到液膜扩散和表面吸附的作用。

5.6　小结

（1）正交试验结果表明，泥沙对 As 的最佳吸附条件为：pH 值＝8、温度＝20℃、初始污染物浓度为 0.1mg/L、泥沙粒径＞0.3mm、振速＞120r/min。

（2）pH 值在 6～9.5 的范围内，泥沙对砷（Ⅲ）污染物的吸持表现为：pH 值为 6～7 不利于泥沙对砷的吸持，此后随 pH 值的增大吸持率逐渐增大并稳定在一定水平；pH 值＞8 时，泥沙对砷的吸持效果较好；pH 值＝9.5 时平均吸持率达到峰值 87.22%。

（3）温度在 10～40℃范围内，泥沙对砷（Ⅲ）污染物的吸持表现为：温度为 10℃时，不同浓度的泥沙对砷的平均吸持率相对较低；当温度由 10℃升高至 15℃时，吸持率随温度升高而下降，至 15℃时降至最低，最低平均吸持率可低至 31.87%；15～20℃之间，随着温度升高吸持率也有较快增加，至 20℃时基本趋于稳定；20℃以后，随温度的升高吸持率稍有升高，说明此时温度改变已不是影响吸持率的主要因素。

（4）初始砷（Ⅲ）污染物浓度为 0.1～0.4mg/L，泥沙对砷（Ⅲ）吸持表现为：吸附量随着初始砷（Ⅲ）污染物浓度的增高而增大。

（5）泥沙对砷（Ⅲ）吸持率随着泥沙粒径的增大有所波动，但波动范围不大，基本稳定在一定水平。黄河花园口细沙在泥沙粒径为 0.0375～2mm 时对砷（Ⅲ）的吸持影响不大。

（6）振速总体上对泥沙吸持砷（Ⅲ）污染物影响不大。振速在 120r/min 时，不同浓度泥沙对砷（Ⅲ）污染物吸持均有所降低，振速超出 120r/min 时，均能略微促进吸持率的提高。

（7）各因素条件下，在 5～25kg/m³ 泥沙浓度范围内，随着泥沙浓度的增大，泥沙对 As（Ⅲ）污染物的吸持率不断增高；而单位质量的泥沙对 As（Ⅲ）污染物的吸附量却表现出相反的规律，即低浓度单位质量泥沙吸附 As（Ⅲ）污染物的量远高于高浓度泥沙。

（8）6 个影响因素中，pH 值、温度、泥沙浓度对吸持率是正相关关系，其他三个因素为负相关。其中初始污染物浓度对吸持率影响最大，其次是泥沙粒径。

（9）吸附动力学试验结果表明：试验室条件下泥沙吸附重金属 As 的过程更适合用准二级动力学方程表达，二级动力学模型的相关系数 R^2 达到了 0.999，具有较好的线性相关性，并且都能很快地达到吸附平衡，说明泥沙吸附 As 的过程存在化学吸附的作用，传质动力学模型拟合表明吸附反应主要受颗粒内扩散控制，同时吸附速率受到液膜扩散和表面吸附的作用。

第6章

Fe³⁺、Mn²⁺共存时细沙吸附 As 试验研究

自然环境下水体中水质成分通常比较复杂，会含有多种金属离子和非金属离子。因此，天然环境中泥沙对 As 的吸附通常也是在多种离子共存条件下进行的。根据本书第 2 章的内容可以看出郑州市饮用水源地原水中 Fe^{3+} 和 Mn^{2+} 含量较高。这些共存的离子会通过竞争或络合反应，影响泥沙对目标 As 的吸持。因此，本章设计共存离子试验，研究 Fe^{3+}、Mn^{2+} 共存时细沙吸附 As 的规律。

 ## 6.1 试验方案设计

6.1.1 吸附饱和时间的确定

为揭示 Fe^{3+}、Mn^{2+} 共存条件下，不同浓度泥沙对 As 污染物吸附的规律，本书通过试验确定 As、As 和 Fe^{3+}、As 和 Mn^{2+} 以及 As、Fe^{3+}、Mn^{2+} 4 种共存体系泥沙吸附砷达到饱和的时间。

具体预设条件为：温度为 20℃、pH 值为 8、振速为 120r/min、泥沙粒径为 $0.0375 \sim 0.088$mm。在泥沙浓度分别为 5kg/m³、10kg/m³、15kg/m³、20kg/m³、25kg/m³，取样时间分别为 5min、10min、15min、30min、45min、

60min、90min、120min 条件下，进行试验。

试验方案见表6.1。

表 6.1 确定吸附饱和时间的试验方案

砷浓度/(mg/L)	0.1	0.1	0.1
共存离子浓度/(mg/L)		0.5（Fe^{3+}）	0.5（Mn^{2+}）
泥沙浓度/(kg/m³)	5、10、15、20、25	5、10、15、20、25	5、10、15、20、25
取样时间/min	5、10、15、30、45、60、90、120	5、10、15、30、45、60、90、120	5、10、15、30、45、60、90、120
温度/℃	20	20	20
pH 值	8	8	8
振速/(r/min)	120	120	120
泥沙粒径/mm	0.0375～0.088	0.0375～0.088	0.0375～0.088

6.1.2 共存离子试验方案

在有共存离子存在的条件下，取样时间为 90min，研究不同泥沙浓度（5kg/m³、10kg/m³、15kg/m³、20kg/m³、25kg/m³）对砷吸附的影响规律。

试验方案见表6.2。

表 6.2 Fe^{3+} 和 Mn^{2+} 对泥沙吸附砷影响的试验方案

试验条件	As、Fe^{3+}	As、Mn^{2+}	As、Fe^{3+}、Mn^{2+}
As 浓度/(mg/L)	0.1	0.1	0.1
Fe^{3+} 浓度/(mg/L)	0.1、0.2、0.3、0.4、1.0、1.5、2.0	0	0.1、0.2、0.3、0.4、0.5、1.0、1.5
Mn^{2+} 浓度/(mg/L)	0	0.1、0.2、0.3、0.4、1.0、1.5、2.0	0.1、0.2、0.3、0.4、0.5、1.0、1.5
泥沙浓度/(kg/m³)	5、10、15、20、25	5、10、15、20、25	5、10、15、20、25
取样时间/min	90	90	90
温度/℃	20	20	20
pH 值	8	8	8
振速/(r/min)	120	120	120
泥沙粒径/mm	0.0375～0.088	0.0375～0.088	0.0375～0.088

6.2 共存离子存在下细沙对 As 吸附特征

6.2.1 吸附饱和时间

按照温度为 20℃、pH 值为 8、初始 As 浓度为 0.1mg/L、泥沙粒为

0.0375～0.088mm、振速为 120r/min 的试验方案进行共存离子饱和吸附时间试验。采用原子荧光分光光度仪测定水样中砷的浓度，并根据原样浓度计算不同共存离子条件下的泥沙对砷的吸持率。然后计算单位泥沙吸附量，可以得到不同取样时间内 As，As 和 Fe^{3+}，As 和 Mn^{2+} 以及 As 和 Fe^{3+}、Mn^{2+} 溶液在 5 个泥沙浓度下所对应的砷的吸持率和单位泥沙吸附量随时间的变化曲线，如图 6.1～图 6.4 所示。

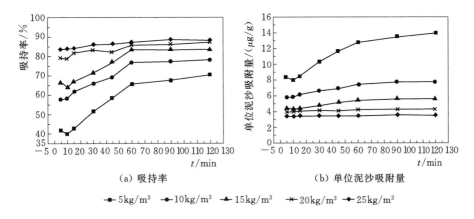

（a）吸持率　　　　　　　　　（b）单位泥沙吸附量

—■—5kg/m³　—●—10kg/m³　—▲—15kg/m³　—✕—20kg/m³　—◆—25kg/m³

图 6.1　不同泥沙浓度下在 As＝0.1mg/L 时砷吸持率与单位
泥沙吸附量随时间的变化规律

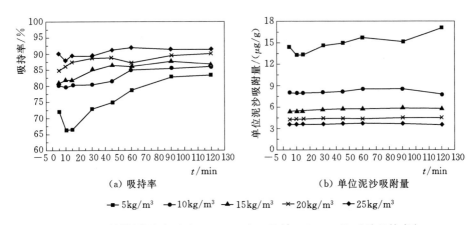

（a）吸持率　　　　　　　　　（b）单位泥沙吸附量

—■—5kg/m³　—●—10kg/m³　—▲—15kg/m³　—✕—20kg/m³　—◆—25kg/m³

图 6.2　不同泥沙浓度下 As＝0.1mg/L，Fe^{3+}＝0.5mg/L 时砷吸持率与
单位泥沙吸附量随时间变化规律

由图 6.1 可以看出：

（1）没有共存离子存在时，不同泥沙浓度范围内，在 5～10min，砷吸持率曲线随着时间变化不太明显，出现这种现象的原因是由于水-沙体系混合不够均匀，吸附反应刚开始，解吸也同步开始，吸附-解吸的速率不一致，没有

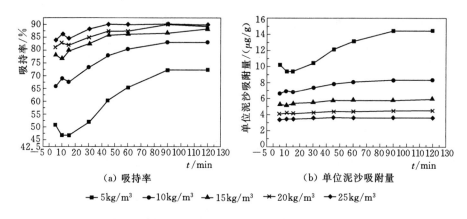

（a）吸持率　　　　　　　　　　（b）单位泥沙吸附量

■ 5kg/m³　　● 10kg/m³　　▲ 15kg/m³　　✕ 20kg/m³　　◆ 25kg/m³

图 6.3　不同泥沙浓度下 As＝0.1mg/L、Mn^{2+}＝0.5mg/L 时砷吸持率与
单位泥沙吸附量随时间变化规律

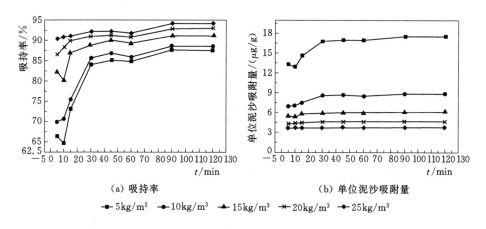

（a）吸持率　　　　　　　　　　（b）单位泥沙吸附量

■ 5kg/m³　　● 10kg/m³　　▲ 15kg/m³　　✕ 20kg/m³　　◆ 25kg/m³

图 6.4　不同泥沙浓度下 As＝0.1mg/L、Fe^{3+}＝0.5mg/L、Mn^{2+}＝0.5mg/L 时
砷吸持率与单位泥沙吸附量随时间变化规律

达到动态稳定，砷的吸持率变化也不稳定；在 10～60min，不同泥沙浓度下砷吸持率随着时间的增长增加明显；在 60～120min，不同泥沙浓度下砷吸持率随着时间增长变化很小，甚至不变，我们认为吸附和解吸达到动态平衡，此时，可以认为达到吸附平衡。

（2）泥沙浓度越小，达到吸附饱和的时间就越长；泥沙浓度越高时，由于含沙量较大，几乎是在很短时间内就达到吸附饱和，单位泥沙吸附量变化较小。

（3）对于泥沙浓度为 5kg/m³ 的试样，吸持率从最初的 41.51%，到 60min 的 65.54%，到 120min 时，吸持率仅仅增加到了 70.19%，增加幅度很小。

（4）泥沙浓度为 10kg/m³ 时，也表现出相同的规律，吸持率从最初的 57.48%，到 60min 的 76.86%，随后到 120min 时，吸持率仅仅增加到了 78.06%，增加幅度依然很小。

（5）泥沙浓度为 15kg/m³、20kg/m³ 以及 25kg/m³ 的试样，最初的吸持率就较高，随后增加较慢，60min 后几乎没有增长；单位泥沙吸附量表现出相同的趋势，60min 时不同泥沙浓度的单位泥沙吸附量可以达到 120min 时的 94.6%～98.9%。由此可知，没有共存离子存在时，泥沙吸附砷达到饱和的时间是 60min。

由图 6.2 可以看出：

（1）单独加入 0.5mg/L 的 Fe^{3+} 时，在 5～15min，砷吸持率曲线随着时间变化不太明显，出现这种现象的原因是由于水-沙体系混合不够均匀，吸附反应刚开始，解吸也同步开始，吸附-解吸的速率不一，没有达到动态稳定，砷的吸持率变化也不稳定，随着时间变化砷吸持率变化规律不明显，与没有共存离子存在时相同的是反应开始也存在一个适应期，砷的吸持率变化稍有波动；在 15～90min，不同泥沙浓度下砷吸持率随着时间的增长而明显增加；在 90～120min，不同泥沙浓度下砷吸持率随着时间增加变化很小，甚至没有发生任何变化，吸附和解吸达到动态平衡，此时，可以认为达到吸附平衡。不同泥沙浓度下砷吸持率随着时间增加几乎不变，达到吸附平衡。

（2）泥沙浓度越小，达到吸附饱和的时间就越长；泥沙浓度越高时，由于含沙量较大，几乎是在很短时间内就达到吸附饱和，单位泥沙吸附量变化较小。对于泥沙浓度为 5kg/m³ 的试样，吸持率从最初的 71.9%，到 60min 的 78.53%，到 90min 时吸持率达到 82.66%，随后到 120min 时吸持率仅仅增加到了 83.24%，增加幅度很小；泥沙浓度为 10kg/m³ 时也表现出相同的规律，吸持率从最初的 80.10%，到 60min 时的 85.16%，到 90min 时吸持率达到 85.52%，随后到 120min 时，吸持率仅仅增加到了 86.10%，增加幅度依然很小；泥沙浓度为 15kg/m³、20kg/m³ 以及 25kg/m³ 的试样，最初的吸持率就较高，随后增加较慢，60min 后几乎没有增长；单位泥沙吸附量表现出相同的趋势，90min 时不同泥沙浓度的单位泥沙吸附量可以达到 120min 时的 94.6%～100%。由此可知，有共存离子 Fe^{3+} 存在时，泥沙吸附砷达到饱和的时间可以确定为 90min。

由图 6.3 可以看出：

（1）单独加入 0.5mg/L 的 Mn^{2+} 时，在 5～15min，随着时间变化砷吸持率变化规律不明显，与没有共存离子存在时相同的是反应开始也存在一个适应期，砷的吸持率变化稍有波动；在 15～90min，不同泥沙浓度下砷吸持率随着时间的增加而明显增加；在 90～120min，不同泥沙浓度下砷吸持率随着时间变化几乎不变，达到吸附平衡。泥沙浓度越小，达到吸附饱和的时间就越长；泥沙浓度高时，由于含沙量较大，几乎是在很短时间内就达到吸附饱和，单位泥沙吸附量变化较小。

（2）吸持率变化最大的是 $5kg/m^3$ 的试样，吸持率从最初的 50.64%，到 60min 的 65.43%，90min 时吸持率达到 72.20%，随后的 30 分钟内到 120min 时吸持率仅仅为 72.12%，几乎没有波动；$10kg/m^3$ 也表现出相同的规律，吸持率从最初的 65.99%，到 60min 的 80.34%，90min 时吸持率达到 83.00%，随后到 120min 时，30 分钟内吸持率仅仅增加到了 83.25%，增加幅度微乎其微；浓度为 $15kg/m^3$、$20kg/m^3$ 以及 $25kg/m^3$ 的试样，最初的吸持率就较高，随后增加较慢，60min 后几乎没有增长；单位泥沙吸附量表现出相同的趋势，60min 时不同泥沙浓度的单位泥沙吸附量可以达到 120min 时的 99.8%～100%。由此可知，有共存离子 Mn^{2+} 存在时，泥沙吸附砷达到饱和的时间是 90min。

由图 6.4 可以看出：

（1）加入 0.5mg/L 的 Fe^{3+} 和 Mn^{2+} 时，在 5～15min，随着时间变化砷吸持率变化规律不明显，与没有共存离子存在时相同的是反应开始也存在一个适应期，砷的吸持率变化稍有波动；在 15～90min，不同泥沙浓度下砷吸持率随着时间的增加而明显增加；在 90～120min，不同泥沙浓度下砷吸持率随着时间变化几乎不变，达到吸附平衡。泥沙浓度越小，达到吸附饱和的时间就越长；泥沙浓度高时，由于含沙量较大，几乎是在很短时间内就达到吸附饱和，单位泥沙吸附量变化较小。

（2）吸持率变化最大的是 $5kg/m^3$ 的试样，吸持率从最初的 66.23%，到 60min 的 84.73%，90min 时吸持率达到 87.50%，随后的 30min 内到 120min 时吸持率仅仅为 87.51%，几乎没有波动；$10kg/m^3$ 的试样也表现出相同的规律，吸持率从最初的 69.82%，到 60min 的 85.75%，90min 时吸持率达到 88.53%，随后到 120min 时的 88.45%，几乎没有变化；浓度为 $15kg/m^3$、$20kg/m^3$ 以及 $25kg/m^3$ 的试样，最初的吸持率就较高，随后增加较慢，60min 后几乎没有增长；单位泥沙吸附量表现出相同的趋势，90min 时单位泥沙吸附量 100% 达到了 120min 时吸附量。由此可知：有共存离子 Fe^{3+}、Mn^{2+} 共存时，泥沙吸附砷达到饱和的时间是 90min。

6.2.2　Fe^{3+} 存在时对泥沙吸附砷的影响

根据 6.1.2 节中的试验方案进行试验，吸附平衡后检测各试验水样中砷的含量，计算砷吸持率，依据加入的泥沙量计算单位泥沙吸附 As 污染物的量，得到在吸附平衡时间为 90min 时不同泥沙浓度下砷的吸持率与单位泥沙吸附量随着 Fe^{3+} 浓度变化曲线，如图 6.5 所示。

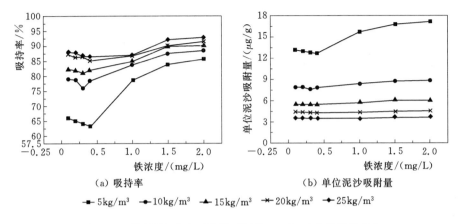

（a）吸持率　　　　　　　　　　　（b）单位泥沙吸附量

■—5kg/m³　●—10kg/m³　▲—15kg/m³　※—20kg/m³　◆—25kg/m³

图 6.5　不同泥沙浓度下取样时间为 90min 时砷的吸持率与
单位泥沙吸附量随 Fe^{3+} 浓度的变化规律

由图 6.5 可以得出：

（1）同一泥沙浓度情况下，随着 Fe^{3+} 浓度增大，砷的吸持率基本表现为先降低再较为快速地升高，拐点出现在 Fe^{3+} 浓度为 0.3～0.4mg/L 的时候。5kg/m³ 的试样，吸持率从最初的 65.881%，下降到最低时的 63.352%，然后最终升高到 85.716%；其他几个泥沙浓度也均下降了 2% 左右。说明 Fe^{3+} 浓度为 0.3～0.4mg/L 时最不利于泥沙对 As 的吸附，也可以解释为这一浓度泥沙有利于 Fe^{3+} 的吸附，从而竞争吸附效应明显。

（2）单位泥沙吸附量也表现出相同的规律：在 Fe^{3+} 浓度为 0.3～0.4mg/L 的时候出现最低吸附量为 3.46～12.67μg/g；在 Fe^{3+} 浓度为 1.0～2.0mg/L 的时候出现最大吸附量为 3.72～17.14μg/g。

（3）在 5～25kg/m³ 泥沙浓度范围内，随着泥沙浓度的增大，泥沙对 As 污染物的吸附表现为与不加共存离子 Fe^{3+} 时一样的规律：吸持率随泥沙浓度的增大而增大；而单位泥沙吸持量却相反，相同共存离子 Fe^{3+} 浓度的 5kg/m³ 的单位泥沙吸附量是 10kg/m³ 的 1.6～1.9 倍，是 15kg/m³ 的 2.4～2.9 倍，是 20kg/m³ 的 3.0～3.7 倍，是 25kg/m³ 的 3.7～4.6 倍。

试验表明，不同浓度的共存离子 Fe^{3+} 存在时，低泥沙浓度的水沙体系中单位质量泥沙吸持 As（Ⅲ）污染物的量远高于高浓度泥沙水沙体系。

6.2.3　Mn^{2+} 存在时对泥沙吸附砷的影响

根据 6.1.2 节的步骤，把 Fe^{3+} 标准溶液替换为 Mn^{2+} 标准溶液，其他条件不变，完成试验。得到吸附平衡时间为 90min 时砷的吸持率和单位泥沙吸附量在不同泥沙浓度下随着 Fe^{3+} 浓度变化曲线，如图 6.6 所示。

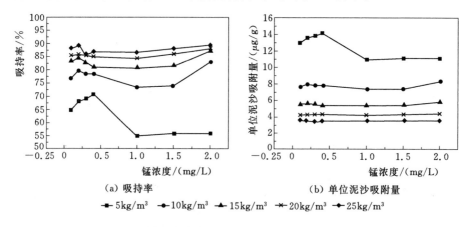

（a）吸持率　　　　　　　　　　（b）单位泥沙吸附量

■ 5kg/m³　● 10kg/m³　▲ 15kg/m³　✳ 20kg/m³　◆ 25kg/m³

图 6.6　不同泥沙浓度下取样时间为 90min 时砷的吸持率
与单位泥沙吸附量随 Mn^{2+} 浓度的变化规律

由图 6.6 可以得出：

（1）同一泥沙浓度情况下，随着 Mn^{2+} 浓度增大，砷的吸持率基本表现为先小范围的波动，然后在 Mn^{2+} 浓度为 1.0mg/L 时降到最低，然后小幅度上升。不过最大吸持率在各泥沙浓度下略有不同，10kg/m³、15kg/m³、20kg/m³、25kg/m³ 的试样具体规律表现为在 Mn^{2+} 浓度为 2.0mg/L 时达到最高峰值，吸持率达到 82.98%～89.48%；5kg/m³ 的试样，吸持率从最初的 64.79%，在 Mn^{2+} 浓度为 0.2～0.4mg/L 时升高到最高峰 70.57%，随后就下降到最低时的 54.83%，然后基本稳定在 56% 左右；说明 Mn^{2+} 浓度为 0.2～0.4mg/L 时有利于泥沙对 As 的吸附，其他浓度的峰值吸持率为 2mg/L。

（2）单位泥沙吸附量也表现出相同的规律：5kg/m³ 在 Mn^{2+} 浓度为 0.2～0.4mg/L 的时候出现最大吸附量为 14μg/g；其他浓度泥沙在 Mn^{2+} 浓度为 2.0mg/L 的时候出现最大吸附量为 3.58～8.30μg/g。

（3）在 5～25kg/m³ 泥沙浓度范围内，随着泥沙浓度的增大，泥沙对 As（Ⅲ）污染物的吸附表现为与加共存离子 Fe^{3+} 时一样的规律：吸持率随泥沙浓度的增大而增大；而单位泥沙吸附量却相反，相同共存离子 Mn^{2+} 浓度的 5kg/m³ 的单位泥沙吸附量是 10kg/m³ 的 1.5～1.8 倍，是 15kg/m³ 的 1.9～2.6 倍，是 20kg/m³ 的 2.5～3.3 倍，是 25kg/m³ 的 3.1～4.1 倍。

试验表明，不同浓度的共存离子 Mn^{2+} 存在时，低泥沙浓度的水沙体系中单位质量泥沙吸持 As（Ⅲ）污染物的量远高于高浓度泥沙水沙体系。

6.2.4　Fe^{3+}、Mn^{2+} 存在时对泥沙吸附砷的影响

根据 6.1.2 节试验方案进行试验，从而得到取样时间为 90min 时砷的吸持率在不同泥沙浓度下随着 Fe^{3+} 和 Mn^{2+} 浓度变化曲线，如图 6.7 所示；从图 6.8 可以清晰地看出加入共存离子后单位泥沙吸附量的变化。

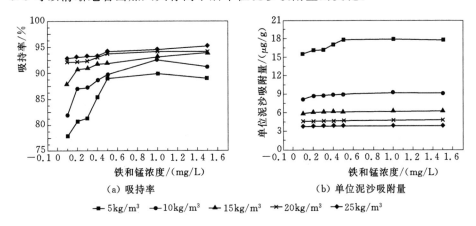

（a）吸持率　　　　　　　　（b）单位泥沙吸附量

■ 5kg/m³　● 10kg/m³　▲ 15kg/m³　✕ 20kg/m³　◆ 25kg/m³

图 6.7　不同泥沙浓度下取样时间为 90min 时砷的吸持率与单位
泥沙吸附量随 Fe^{3+}、Mn^{2+} 浓度的变化规律

由图 6.7 可以得出：

（1）低泥沙浓度（5kg/m³、10kg/m³）情况下，随着 Mn^{2+} 和 Fe^{3+} 浓度增大，砷的吸持率基本表现为先快速上升，到 Mn^{2+} 和 Fe^{3+} 浓度为 0.5mg/L 时上升速度减慢，基本维持在一定水平。说明 Mn^{2+} 和 Fe^{3+} 共存时，较之前单独加入一种共存离子的拐点现象，两种离子共存有效地抵消了相互的干扰，表现为整体的吸持率较为持续地上升的现象；同时，在共存离子浓度达到 1.0mg/L 时，泥沙对 As 污染物的吸附已基本达到极限；高泥沙浓度（15kg/m³、20kg/m³、25kg/m³）情况下，峰值出现在共存离子浓度达到 1.5mg/L 时。出现这种现象的原因在于泥沙浓度高，吸附颗粒就多，因此对污染物的吸附能力就强。

（2）单位泥沙吸附量也表现出相同的规律：低泥沙浓度（5kg/m³、10kg/m³）情况下，在 Mn^{2+} 和 Fe^{3+} 浓度为 1.0mg/L 的时候出现最高吸附量为 17.95μg/g 和 9.24μg/g；高泥沙浓度（15kg/m³、20kg/m³、25kg/m³）情况下，峰值出现在共存离子浓度达到 1.5mg/L 时，最大吸附量为 3.80～6.25μg/g。

（3）在 5～25kg/m 泥沙浓度范围内，随着泥沙浓度的增大，泥沙对 As 污染物的吸附表现为与不加共存离子 Fe^{3+} 时一样的规律：吸持率随泥沙浓度的

增大而增大；单位泥沙吸附量却相反，共存离子 Mn^{2+} 和 Fe^{3+} 浓度相同的 5kg/m^3 的单位泥沙吸附量是 10kg/m^3 的 1.9～2.0 倍，是 15kg/m^3 的 2.7～2.9 倍，是 20kg/m^3 的 3.5～3.8 倍，是 25kg/m^3 的 4.2～4.8 倍。

试验表明，低泥沙浓度的水沙体系中单位质量泥沙吸持 As（Ⅲ）污染物的量远高于高浓度泥沙水沙体系。这是因为泥沙浓度较低时，单位质量泥沙分布均匀，表面面积较大，故吸附量的影响较大。

（4）泥沙浓度在 10kg/m^3、15kg/m^3、20kg/m^3 和 25kg/m^3 时，Mn^{2+} 和 Fe^{3+} 共存时单位泥沙吸附量均大于单一离子存在时的吸附量。

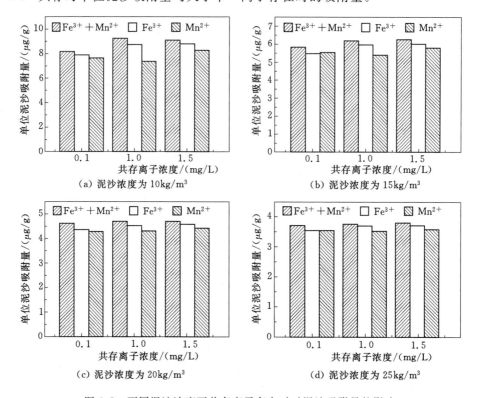

图 6.8　不同泥沙浓度下共存离子存在时对泥沙吸附量的影响

6.3　吸附动力学模型

6.3.1　反应动力学模型拟合

为了全面地研究吸附动力学规律，探讨吸附机理，应用一级动力学和二级动力学对试验数据进行拟合，动力学方程式见式（3.2）和式（3.4），试验的拟合图像见图 6.9～图 6.11，拟合参数见表 6.3。

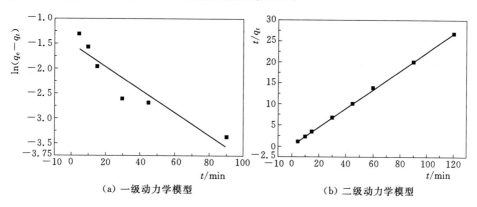

（a）一级动力学模型　　　　　　（b）二级动力学模型

图 6.9　含 As、Fe^{3+} 去离子水动力学模型拟合曲线

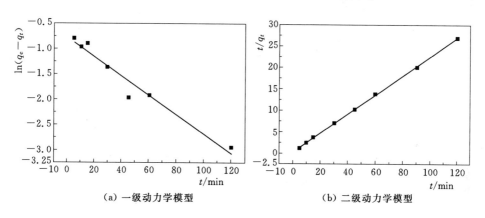

（a）一级动力学模型　　　　　　（b）二级动力学模型

图 6.10　含 As、Mn^{2+} 去离子水动力学模型拟合曲线

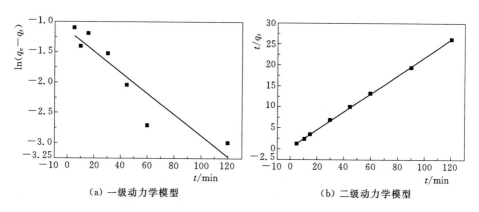

（a）一级动力学模型　　　　　　（b）二级动力学模型

图 6.11　含 As、Fe^{3+}、Mn^{2+} 去离子水动力学模型拟合曲线

表 6.3   不同试验条件下动力学模型相关参数

试验条件	一级动力学模型				二级动力学模型			
	k_1 /[g/(μg·min)]	q_e /(μg/g)	q_e^* /(μg/g)	R^2	k_2 /[g/(μg·min)]	q_e /(μg/g)	q_e^* /(μg/g)	R^2
As、Fe^{3+}	0.0228	0.2217	4.5080	0.8503	0.3427	4.5019	4.5080	0.9998
As、Mn^{2+}	0.0191	0.4590	4.5051	0.9476	0.1792	4.5086	4.5051	0.9997
As、Mn^{2+}、Fe^{3+}	0.0173	0.3156	4.6709	0.8460	0.2632	4.6666	4.6709	0.9998

从拟合图上可以明显地看出：

（1）二级动力学方程能更好地描述泥沙吸附重金属 As 的吸附过程，呈现很好的线性相关性。从表 6.3 看到二级动力学模型的相关系数 R^2 都能达到 0.999 以上，在 0.9997～0.9998。

（2）一级动力学相关系数 R^2 在 0.8460～0.9476，线性相关性不是很好。

（3）从拟合出来的平衡吸附量 q_e 和试验所得平衡吸附量 q_e^* 的差值来看，二级动力学拟合的数据也更为接近，分别相差 $-0.006\mu g/g$、$0.003\mu g/g$、$-0.004\mu g/g$，一级动力学拟合的数据相比就相差很大。

对比没有共存离子时的动力学拟合，可以看出：共存离子存在时不影响泥沙吸附动力学特征，二级动力学拟合的相关性均较好，拟合出的平衡吸附量 q_e 和试验所得平衡吸附量 q_e^* 的差值均在较小的范围。泥沙吸附重金属 As 的过程存在化学吸附，更适合用二级动力学方程来描述。

6.3.2　传质动力学模型拟合

反应动力学规律表明，As 在泥沙上的吸附可以用二级动力学方程拟合，试验的拟合图像见图 6.12，拟合参数见表 6.4。

表 6.4   不同试验条件下颗粒内扩散模型相关参数

试验条件	k_i/[μg/(g·min$^{1/2}$)]	C	R^2
As	0.0486	3.8415	0.8894
As、Fe^{3+}	0.0256	4.2316	0.7269
As、Mn^{2+}	0.0064	3.9468	0.9076
As、Mn^{2+}、Fe^{3+}	0.0373	4.2729	0.8654

颗粒内扩散方程中截距 C 是可以表征扩散边界层的效应和膜扩散程度，截距 C 的大小能够反映液膜扩散（外表面扩散）在吸附速率控制步骤中的影响程度。一般而言，C 越大，颗粒扩散边界层越厚，就会导致液膜扩散速率随着传质阻力的增大而下降，从而使液膜扩散的影响更为显著[32]。

由表 6.4 的拟合参数看出：

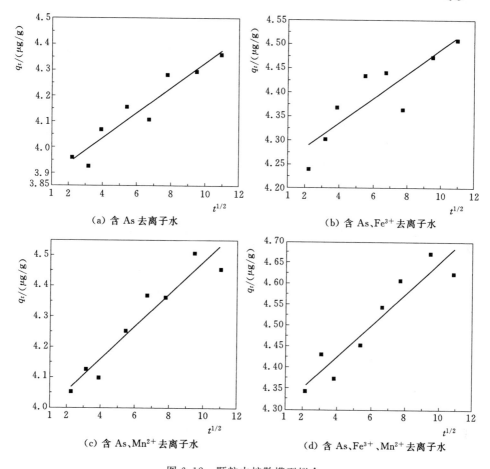

（a）含 As 去离子水 　　　　　　（b）含 As、Fe^{3+} 去离子水

（c）含 As、Mn^{2+} 去离子水 　　　　（d）含 As、Fe^{3+}、Mn^{2+} 去离子水

图 6.12　颗粒内扩散模型拟合

（1）试验的相关系数 R^2 在 $0.7269 \sim 0.9076$，其中 $R^2_{Mn^{2+},As} > R^2_{As} > R^2_{Mn^{2+},As,Fe^{3+}} > R^2_{As,Fe^{3+}}$，$C_{Mn^{2+},As,Fe^{3+}} > C_{As,Fe^{3+}} > C_{As,Mn^{2+}} > C_{As}$，吸附反应主要受颗粒内扩散控制，但不是唯一的速率控制步骤。

（2）吸附速率同时受到液膜扩散和表面吸附的作用。加入 Mn^{2+}、Fe^{3+} 的含砷水相关系数最大，对应的 C 值最小，说明加入 Mn^{2+}、Fe^{3+} 使该吸附反应的外部扩散阻力减小，内部扩散主导地位更加明显，试验结果更具有线性。

（3）用颗粒内扩散方程对试验数据进行拟合，从图像上可以看出吸附过程分为外表面扩散和吸附、内表面扩散和吸附、吸附饱和三个阶段。

 ## 6.4　小结

本章通过对共存离子 Fe^{3+}、Mn^{2+} 对不同浓度泥沙吸附砷的影响研究表明，在共存离子存在的条件下，吸附饱和时间延长，吸附规律也发生了变化。具体结论如下。

（1）单独加入共存离子 Fe^{3+}、Mn^{2+} 离子以及 Fe^{3+}、Mn^{2+} 共存时，吸附饱和时间由原来的 60min 增加到了 90min，说明共存离子的存在干扰了泥沙对 As 的吸附，吸附饱和时间延长。

（2）水样中单独加入 Mn^{2+}，同一泥沙浓度情况下，随着 Mn^{2+} 浓度增大，砷的吸持率基本表现为先小范围的波动，在 Mn^{2+} 浓度为 1.0mg/L 时降到最低，然后小幅度上升。不过各泥沙浓度下最大吸持率略有不同，$10kg/m^3$、$15kg/m^3$、$20kg/m^3$、$25kg/m^3$ 具体规律表现为在 Mn^{2+} 浓度为 2.0mg/L 时达到最高峰值，吸持率达到 $82.98\% \sim 89.48\%$；$5kg/m^3$ 的试样，吸持率从最初的 64.79%，在 Mn^{2+} 浓度为 $0.2 \sim 0.4mg/L$ 时升高到最高峰 70.57%，随后就下降到最低时的 54.83%，然后基本稳定在 56% 左右。说明 Mn^{2+} 浓度为 $0.2 \sim 0.4mg/L$ 时有利于泥沙对 As 的吸附，其他浓度的峰值吸持率为 2mg/L。

（3）水样中单独加入 Fe^{3+}，同一泥沙浓度情况下，随着 Fe^{3+} 浓度增大，砷的吸持率基本表现为先降低，再较为快速地升高，拐点出现在 Fe^{3+} 浓度为 $0.3 \sim 0.4mg/L$ 的时候。$5kg/m^3$ 的试样，吸持率从最初的 65.881%，下降到最低时的 63.352%，然后最终升高到 85.716%；其他几个泥沙浓度也均下降了 2% 左右。说明 Fe^{3+} 浓度为 $0.3 \sim 0.4mg/L$ 时最不利于泥沙对 As 的吸附，也可以解释为这一浓度泥沙有利于 Fe^{3+} 的吸附，从而竞争吸附效应明显。

（4）水样中加入 Fe^{3+}、Mn^{2+}，低泥沙浓度（$5kg/m^3$、$10kg/m^3$）情况下，随着 Mn^{2+} 和 Fe^{3+} 浓度增大，砷的吸持率基本表现为先快速上升，到 Mn^{2+} 和 Fe^{3+} 浓度为 0.5mg/L 时上升速度减慢，基本维持在一定水平。说明 Mn^{2+} 和 Fe^{3+} 共存时，较之前单独加入一种共存离子的拐点现象，两种离子共存有效地抵消了相互的干扰，表现为整体的吸持率较为持续地上升的现象；同时，在共存离子浓度达到 1.0mg/L 时，泥沙对 As 污染物的吸附已基本达到极限；在高泥沙浓度（$15kg/m^3$、$20kg/m^3$、$25kg/m^3$）情况下，峰值出现在共存离子浓度达到 1.5mg/L 时。出现这种现象的原因在于泥沙浓度高，吸附颗粒就多，因此对污染物的吸附能力就强。

（5）在 $5 \sim 25kg/m^3$ 泥沙浓度范围内，随着泥沙浓度的增大，泥沙对 As 污染物的吸附表现为与各种共存离子存在时规律相同：吸持率随泥沙浓度的增大而增大，而单位泥沙吸附量却相反，表明低泥沙浓度的水沙体系中单位质量泥沙吸持 As（Ⅲ）污染物的量远高于高浓度泥沙水沙体系。

（6）泥沙对砷的吸附反应可以用二级动力学方程描述，相关系数均在 0.990 以上，试验得出的平衡吸附量与方程拟合参数也非常接近，吸附反应符合二级动力学方程，说明该吸附过程存在化学吸附。

（7）用颗粒内扩散方程对试验数据进行拟合，从图 6.12 可以看出吸附过程分为外表面扩散和吸附、内表面扩散和吸附、吸附饱和三个阶段；拟合参数 C 均不为 0，说明颗粒内扩散是吸附速率的控制步骤，但不是唯一的速控步骤，膜扩散速率和内部扩散速率同时影响着吸附反应速率；加入 Mn^{2+}、Fe^{3+} 的含砷废水相关系数最大，对应的 C 值最小，说明加入 Mn^{2+}、Fe^{3+} 使该吸附反应的外部扩散阻力减小，内部扩散主导地位更加明显。

第 7 章

黄河水源地泥沙吸附 As 研究

▷ 7.1 试验方案设计

试验研究了黄河深井侧渗水和黄河地表水在只有 As 存在，As、Fe^{3+} 共存，As、Mn^{2+} 共存，As、Fe^{3+}、Mn^{2+} 三者共存等 4 种情况下的泥沙吸附动力学规律。每组试验选取 13 个取样点，将经过恒温振荡仪（振速为 120r/min、温度为 20℃）振荡一定时间后的水样取出过滤，并加酸保存。为了保证试验的准确性和数据的可靠性，每组试验设置两个平行样，试验结果取平均值，因此每组试验条件共产生 26 个水样。在每组 26 个 100mL 锥形瓶中分别加入 0.6g 清洁沙，30mL 去离子水和 0.3mL 浓度 0.01mg/mL 的砷标液，根据试验目的，再有针对性地加入 0.15mL 浓度为 0.1mg/mL 的铁标液或锰标液，配成泥沙浓度为 20kg/m^3，初始砷浓度为 0.1mg/L，共存离子浓度为 0.5mg/L 的溶液，试验方案详见表 7.1。

表 7.1　　　　　　　　　泥沙吸附动力学试验方案

试验条件	As	As、Fe^{3+}	As、Mn^{2+}	As、Fe^{3+}、Mn^{2+}
供试原水/mL			30	
清洁沙/g			0.6	

试验条件	As	As、Fe^{3+}	As、Mn^{2+}	As、Fe^{3+}、Mn^{2+}
As/mL	0.3	0.3	0.3	0.3
Fe/mL		0.15		0.15
Mn/mL			0.15	0.15
取样时间/min	5、10、15、30、60、90、120、180、240、360、480、600、1440			

7.2 黄河深井侧渗水泥沙吸附 As 特征

根据试验方案将黄河深井侧渗水作为供试水样，替代之前使用的去离子水进行泥沙吸附试验，在不同共存离子条件下，取单位泥沙吸附量随时间的变化图像见图 7.1。

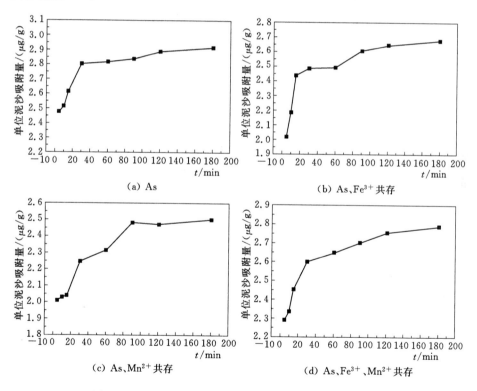

(a) As

(b) As、Fe^{3+} 共存

(c) As、Mn^{2+} 共存

(d) As、Fe^{3+}、Mn^{2+} 共存

图 7.1 不同共存离子条件下单位泥沙吸附量随时间变化

由图 7.1 可以看出：

（1）由于黄河侧渗水水质比较复杂，以其为背景的泥沙对 As 吸附量和吸持率随时间变化的图像相对之前使用去离子水的吸附动力学曲线复杂了很多。

满足吸附"三步骤"，前 30min 曲线斜率大，吸附速率快；30～120min 吸附速率放缓；120min 之后吸附更加缓慢最终达到吸附平衡。

（2）共存离子对试验结果的影响表现为：共存离子加入后均表现为降低了泥沙对 As 的吸附，说明共存离子的存在对 As 产生竞争吸附作用，但其中 Fe^{3+} 的竞争要低于 Mn^{2+} 离子造成的竞争作用，Fe^{3+} 和 Mn^{2+} 共同存在时较任何一种单独存在时的吸附量要大，这个现象与使用去离子水试验结果 6.2.4 节一致，说明 Fe^{3+} 和 Mn^{2+} 共存时促进了泥沙对 As 的吸附。

（3）泥沙浓度为 $20mg/m^3$ 时，单位泥沙的饱和吸附量为 $2.9164\mu g/g$，与 6.2.4 节去离子水的饱和吸附量 $4.65\mu g/g$ 差异很大，说明水质复杂时，会对泥沙吸附 As 产生干扰，大大降低了单位泥沙的吸附量。

 7.3　黄河地表水泥沙吸附 As 特征

根据试验方案将黄河地表水作为供试水样，替代之前使用的去离子水进行泥沙吸附试验，在不同共存离子条件下，取单位泥沙吸附量随时间的变化图像见图 7.2。

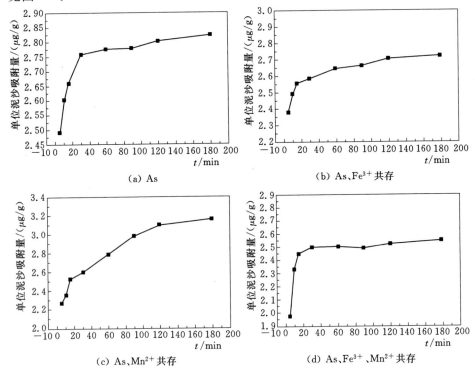

图 7.2　不同共存离子条件下单位泥沙吸附量随时间变化

由图 7.2 可以看出：

（1）由于黄河地表水水质也比较复杂，以其为背景的泥沙对 As 吸附量和吸持率随时间变化的图像相对之前使用去离子水的吸附动力学曲线复杂了很多。满足吸附"三步骤"，前 30min 曲线斜率大，吸附速率快；30～120min 吸附速率放缓；120min 之后吸附更加缓慢最终达到吸附平衡。

（2）共存离子 Fe^{3+} 存在时和 Fe^{3+}、Mn^{2+} 共存时均表现为降低了泥沙对 As 的吸附，而共存离子 Mn^{2+} 存在时提高了泥沙对 As 的吸附，Fe^{3+} 和 Mn^{2+} 共存时较任何一种单独存在时的吸附量要低，这个现象与使用去离子水和深井侧渗水的试验结果相反，说明 Fe^{3+} 和 Mn^{2+} 共存时，由于地表水水质不同而使其表现出相反的规律，由此进一步说明在不同水源地水质中各种离子的存在对吸附产生影响。

（3）泥沙浓度为 20mg/m³ 时，单位泥沙的饱和吸附量为 2.5207μg/g，与黄河侧渗水的相同条件的 2.754μg/g 差异不大，而与 6.2.4 节去离子水的饱和吸附量 4.65μg/g 差异很大，说明水质复杂时，会对泥沙吸附 As 产生干扰，大大降低了单位泥沙的吸附量。

7.4 不同水源地泥沙吸附特性对比

为了解不同水源地水样中泥沙对 As 吸附特性的差异，特将黄河地表水和黄河深井侧渗水在加入 Fe^{3+} 时、加入 Mn^{2+} 时以及加入 Fe^{3+}、Mn^{2+} 时单位泥沙吸附量随时间变化进行对比分析，具体结果见图 7.3。

从图 7.3 可以看出：

（1）两种水源（黄河地表水和黄河深井侧渗水）条件下吸附均符合前期快速吸附、中间缓慢吸附、最终吸附平衡的规律。

（2）3 种水源地中，无论是单独加入 Fe^{3+} 时、单独加入 Mn^{2+} 时以及加入 Fe^{3+}、Mn^{2+} 时单位泥沙吸附量随时间变化均表现为：去离子水单位泥沙吸附量均远高于其他两种水源；没有共存离子时，黄河地表水和黄河深井侧渗水中泥沙对 As 的吸附量几乎相当；单独加入 Fe^{3+} 和单独加入 Mn^{2+} 时，黄河地表水的单位泥沙吸附量略大于黄河深井侧渗水；Fe^{3+}、Mn^{2+} 共存时，黄河地表水的单位泥沙吸附量略小于黄河深井侧渗水。出现这种现象的原因可能是两种水源水质不同，尤其是黄河深井侧渗水中 Fe^{3+} 和 Mn^{2+} 的含量均高于黄河地表水的。而根据 6.2.4 节结论可以看出 Fe^{3+} 和 Mn^{2+} 浓度在 1.0～1.5mg/L 时能够促进泥沙对 As 的吸附。而据监测黄河深井侧渗水 Fe^{3+} 含量为 0.2000～2.7800mg/L，本次水样监测结果为 0.5782mg/L，Mn^{2+} 含量为 0.0700～0.1900mg/L，本次水样监测结果为 0.1624mg/L，本底含量的叠加致使共存离子量（Fe^{3+} 和 Mn^{2+} 均为 0.5mg/L）基本处于较好的共存离子条件，因此，黄河深井侧渗水在 Fe^{3+}、Mn^{2+} 共存体系中出现高于地表原水的现象。

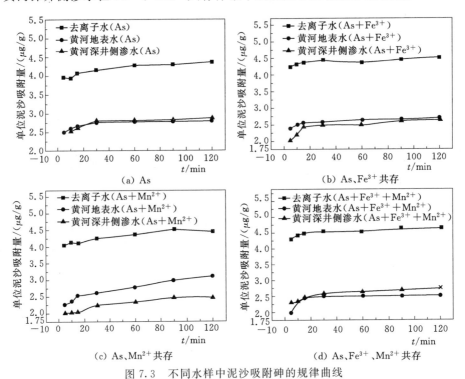

图 7.3 不同水样中泥沙吸附砷的规律曲线

7.5 黄河深井侧渗水泥沙吸附动力学

7.5.1 反应动力学模型拟合

应用一级动力学和二级动力学对试验数据进行拟合，动力学方程见式（3.2）和式（3.4），试验的拟合图像见图 7.4～图 7.5，拟合参数见表 7.2。

表 7.2　　　　黄河深井侧渗水一级和二级动力学模型参数

试验条件	一级动力学模型				二级动力学模型			
	k_1 /[g/($\mu g \cdot min$)]	q_e /($\mu g/g$)	q_e^* /($\mu g/g$)	R^2	k_2 /[g/($\mu g \cdot min$)]	q_e /($\mu g/g$)	q_e^* /($\mu g/g$)	R^2
As	0.01590	0.4410	2.9635	0.8519	0.1478	2.0971	2.9635	0.9995
As、Fe^{3+}	0.0202	0.5179	2.6888	0.8878	0.1368	2.7091	2.6888	0.9995
As、Mn^{2+}	0.03010	0.6724	2.4997	0.8757	0.1176	2.5414	2.4997	0.9994
As、Fe^{3+}、Mn^{2+}	0.0146	0.4720	2.7879	0.8190	0.1749	2.7091	2.7879	0.9989

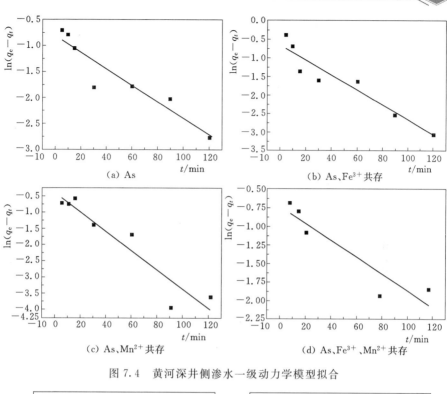

图 7.4　黄河深井侧渗水一级动力学模型拟合

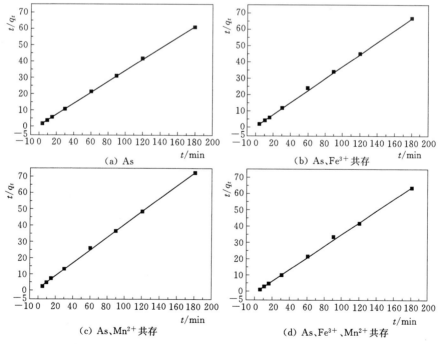

图 7.5　黄河深井侧渗水二级动力学模型拟合

从图 7.4～图 7.5 可以看出：

（1）在反应全程时间内二级动力学模型都具有较好的线性，二级动力学模型拟合的相关系数为 0.9989～0.9995，均在 0.990 以上，具有良好的线性相关性；一级动力学拟合的相关系数为 0.8190～0.8878，线性不太好。从表 7.2 中还可以看到二级动力学拟合的平衡吸附量与试验得出的平衡吸附量非常接近，差值仅在 -0.07～0.86。相比之下，一级动力学拟合的数据相差就比较大。

（2）以上分析说明二级动力学方程比一级动力学方程更能准确全面地描述该吸附反应的全过程，吸附符合二级动力学模型说明吸附过程中存在化学吸附。

7.5.2 传质动力学模型拟合

用颗粒内扩散模型判断吸附反应的速率控制步骤，其方程见式（3.5），4 组试验的拟合图像见图 7.6，拟合参数见表 7.3。

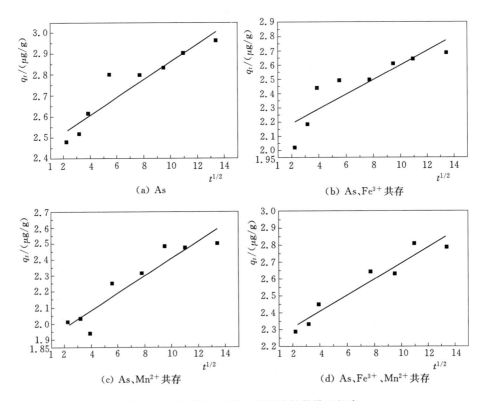

（a）As

（b）As、Fe^{3+} 共存

（c）As、Mn^{2+} 共存

（d）As、Fe^{3+}、Mn^{2+} 共存

图 7.6 黄河深井侧渗水颗粒内扩散模型拟合

表 7.3　　　　　黄河深井侧渗水颗粒内扩散模型相关参数

试验条件	$k_i/[\mu g/(g \cdot min^{1/2})]$	C	R^2
As	0.0423	2.4390	0.8632
As、Fe^{3+}	0.0511	2.0849	0.7458
As、Mn^{2+}	0.0536	1.8723	0.8550
As、Fe^{3+}、Mn^{2+}	0.0468	2.2247	0.9120

颗粒内扩散模型拟合的试验数据相关系数为 $0.7458 \sim 0.9120$，$R^2_{As,Mn^{2+},Fe^{3+}} > R^2_{As} > R^2_{As,Mn^{2+}} > R^2_{As,Fe^{3+}}$，拟合参数 C 的大小关系为 $C_{As}(2.4390) > C_{As,Fe^{3+},Mn^{2+}}(2.2247) > C_{As,Fe^{3+}}(2.0849) > C_{As,Mn^{2+}}(1.8723)$，由于 C 均不为 0，所以 4 组试验吸附反应主要受颗粒内扩散控制，但不是唯一的速率控制步骤。用颗粒内扩散方程对试验数据进行拟合，从图像上可以看出吸附过程分为外表面扩散和吸附、内表面扩散和吸附、吸附饱和三个阶段；膜扩散速率和内部扩散速率同时影响着吸附反应速率；加入 Mn^{2+}、Fe^{3+} 的含砷废水相关系数最大，说明加入 Mn^{2+}、Fe^{3+} 使该吸附反应的外部扩散阻力减小，内部扩散主导地位更加明显。二级动力学速率常数与颗粒内扩散速率常数变化趋势基本一致，据此可以初步判断泥沙在黄河深井侧渗水源地吸附 As 的过程是由颗粒内部扩散主导的。

7.6　黄河地表水泥沙吸附动力学模型

7.6.1　反应动力学模型拟合

应用一级动力学和二级动力学对试验数据进行拟合，动力学方程见式（3.2）和式（3.4），试验的拟合图像见图 7.7、图 7.8，拟合参数见表 7.4。

表 7.4　　　　　黄河地表水一级和二级动力学模型相关参数

试验条件	一级动力学模型				二级动力学模型			
	k_1 /[$g/(\mu g \cdot min)$]	q_e /($\mu g/g$)	q_e^* /($\mu g/g$)	R^2	k_2 /[$g/(\mu g \cdot min)$]	q_e /($\mu g/g$)	q_e^* /($\mu g/g$)	R^2
As	0.0187	0.1887	2.8226	0.8315	0.3592	2.8299	2.8226	1
As、Fe^{3+}	0.0096	0.2971	2.7982	0.9459	0.1705	2.7907	2.7982	0.9992
As、Mn^{2+}	0.0130	0.9039	3.1613	0.9370	0.0552	3.1742	3.1613	0.9958
As、Mn^{2+}、Fe^{3+}	0.0070	0.2002	2.6092	0.6950	0.2275	2.5982	2.6092	0.9992

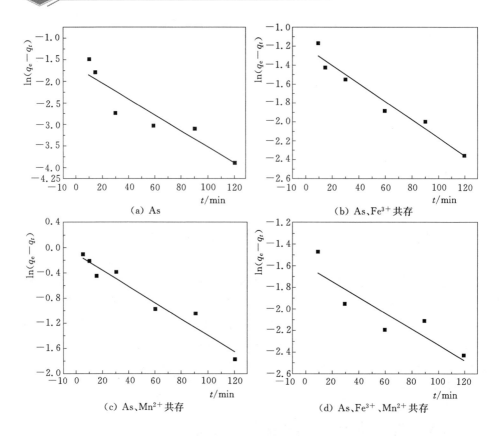

（a）As

（b）As、Fe^{3+}共存

（c）As、Mn^{2+}共存

（d）As、Fe^{3+}、Mn^{2+}共存

图 7.7 黄河地表水一级动力学拟合

从图 7.7、图 7.8 可以看出：

（1）黄河地表水作为水源时，在反应全程时间内二级动力学模型都具有较好的线性，拟合的相关系数为 0.9958～1，均在 0.990 以上，具有良好的线性相关性；一级动力学拟合的相关系数为 0.6950～0.9459，线性不太好，尤其是加入 Mn^{2+}、Fe^{3+} 的共存离子体系中，一级动力学相关系数较低。从表 7.4 中还可以看到二级动力学拟合的平衡吸附量与试验得出的平衡吸附量非常接近，拟合值与实测值之间差值仅为 0.007～0.011，误差很小。相比之下，一级动力学拟合的数据相差就比较大。

（2）以上分析说明二级动力学方程比一级动力学方程更能准确全面地描述该吸附反应的全过程，吸附符合二级动力学模型说明吸附过程中存在化学吸附。

7.6.2 传质动力学模型拟合

用颗粒内扩散模型判断吸附反应的速率控制步骤，其方程见式（3.5），4

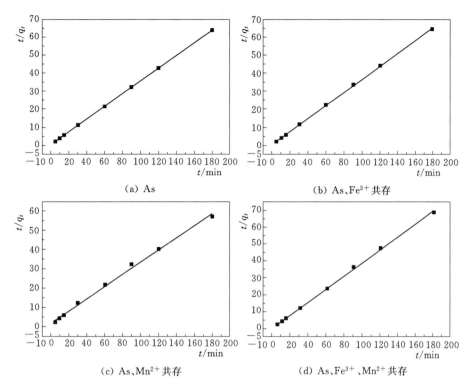

（a）As　　　　　　　　　　　　　（b）As、Fe^{3+}共存

（c）As、Mn^{2+}共存　　　　　　　　（d）As、Fe^{3+}、Mn^{2+}共存

图 7.8　黄河地表水二级动力学拟合

组试验的拟合图像见图 7.9，拟合参数见表 7.5。

表 7.5　　　　　　　　黄河地表水颗粒内扩散模型相关参数

试验条件	$k_i/[\mu g/(g^{-1} \cdot min^{1/2})]$	C	R^2
As	0.0190	2.5949	0.7496
As、Fe^{3+}	0.0263	2.4316	0.9565
As、Mn^{2+}	0.0770	2.1313	0.9642
As、Fe^{3+}、Mn^{2+}	0.0413	2.1079	0.5693

颗粒内扩散模型拟合 4 组试验数据相关系数为 0.569～0.964，$R^2_{As,Mn^{2+}}>R^2_{As,Fe^{3+}}>R^2_{As}>R^2_{As,Mn^{2+},Fe^{3+}}$，拟合参数 C 的大小关系为 C_{As}（2.5949）$>C_{As,Fe^{3+}}$（2.4316）$>C_{As,Mn^{2+}}$（2.1313）$>C_{As,Fe^{3+},Mn^{2+}}$（2.1079），由于 C 均不为 0，所以 4 组试验吸附反应受到受颗粒内扩散控制，但不是唯一的速率控制步骤；二级动力学速率常数与颗粒内扩散速率常数变化趋势不太一致，据此可以初步判断泥沙在黄河地表水源地吸附 As 的过程不是由颗粒内部扩散主导的。从颗粒内扩散图像上可以看出吸附过程分为三个阶段：第一个阶段快速的外表面吸

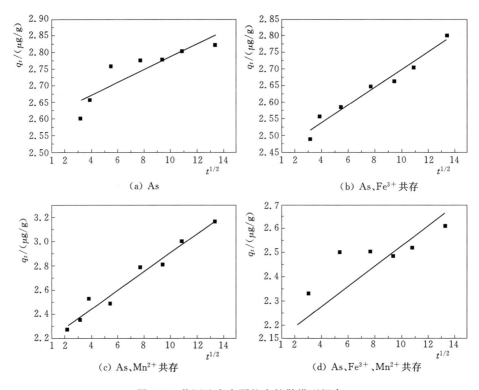

图 7.9 黄河地表水颗粒内扩散模型拟合

附阶段，直线斜率较大；第二个阶段为内表面扩散和吸附，斜率降低；第三个阶段为吸附饱和阶段，斜率变化很小。单独加入 Mn^{2+} 和 Fe^{3+} 的含砷废水泥沙吸附的相关系数最大，说明单独加入 Mn^{2+} 和 Fe^{3+} 使该吸附反应的外部扩散阻力减小，内部扩散主导地位更加明显，但是在黄河地表水中，同时加入 Mn^{2+} 和 Fe^{3+} 后相关系数却很小，仅为 0.569，而这一结论与黄河侧渗水的传质动力学模型相关系数完全相反，可能原因是两者水质差别过大，尤其是 As 含量不同所导致，根据本书第 2 章内容可知，两种水源地中黄河郑州花园口断面原水中 As 含量均比黄河侧渗水东周水厂处 As 含量低。

7.7 小结

本章在前期去离子水中泥沙对 As 污染物吸附规律试验研究基础上，研究了 As 污染物在黄河深井侧渗水源地和黄河地表水源地两种原水中的吸附特征和吸附动力学规律，并与去离子水试验结论作对比，具体结论如下：

（1）由于黄河侧渗水与黄河地表水水质较复杂，以其为背景的泥沙对 As

吸附量和吸持率随时间变化的图像相对之前使用去离子水的吸附动力学曲线复杂了很多，但总体上均满足吸附"三步骤"。

（2）共存离子对试验结果的影响表现为如下几个方面。

1）在黄河侧渗水试验中，共存离子加入后均表现为降低了泥沙对 As 的吸附，说明共存离子的存在对 As 产生竞争吸附作用，但其中 Fe^{3+} 的竞争要低于 Mn^{2+} 离子造成的竞争作用，Fe^{3+} 和 Mn^{2+} 共同存在时较任何一种单独存在时的吸附量要大，这个现象与 6.2.4 节使用去离子水试验结果一致。

2）在黄河地表水试验中，共存离子 Fe^{3+} 存在时和 Fe^{3+}、Mn^{2+} 共存时均表现为降低了泥沙对 As 的吸附，而共存离子 Mn^{2+} 存在时提高了泥沙对 As 的吸附，Fe^{3+} 和 Mn^{2+} 共存时较任何一种单独存在时的吸附量要低，这个现象与使用去离子水和深井侧渗水的试验结果相反，说明 Fe^{3+} 和 Mn^{2+} 共存时，由于地表水水质不同而使其表现出相反的规律，由此进一步说明在不同水源地水质中各种离子的存在对吸附产生影响。

（3）3 种原水中，去离子水单位泥沙吸附量均远高于其他两种水源。

（4）3 种原水泥沙吸附动力学模拟中，二级动力学方程比一级动力学方程更能准确全面地描述该吸附反应的全过程，说明吸附过程中存在化学吸附。吸附过程分为外表面扩散和吸附、内表面扩散和吸附、吸附饱和 3 个阶段，膜扩散速率和内部扩散速率同时影响着吸附反应速率，在黄河侧渗水试验中，加入 Mn^{2+}、Fe^{3+} 的含砷废水相关系数最大，但是在黄河地表水中，同时加入 Mn^{2+} 和 Fe^{3+} 后相关系数却最小，可能原因是两者水质差别过大，尤其是 As 含量不同。

第 8 章

泥沙颗粒吸附 As 微观形貌变化及表面特性研究

 ## 8.1　泥沙吸附 As 微观形貌变化

用 3.1.2 节中的方法清洗泥沙,通过 SEM 图像观察清洗沙的形貌特征,如图 8.1 所示。

由图 8.1 可以发现,整体上看颗粒的形状很不规则,与一些简单的几何体完全不同,泥沙表面凹凸不平,并有一些细小的片状或块状泥沙贴附在颗粒表面凹陷或平坦的地方。同时也能看出泥沙颗粒表面纹理清晰、结构复杂,并且颗粒表面有大量孔隙存在。上述结果表明,清洗试验可以还原泥沙颗粒干净的表面,但表面仍然粗糙,还存在部分碎片,这一特征与泥沙颗粒本身的组成成分及其在迁移过程中所受的作用力有关。

8.1.1　去离子水中泥沙吸附 As 后颗粒表面形貌

按照 6.1 节的试验方案得到的沙样经过扫描电镜扫描后,得到以去离子水为试验用水,吸附平衡后沙样的 SEM 图像,如图 8.2～图 8.5 所示。

由图 8.2～图 8.5 的沙样颗粒 SEM 图像可以发现:颗粒 b 的沙样表面孔

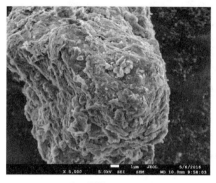
（a）颗粒 a(×5000)

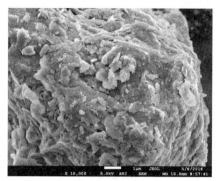
（b）颗粒 a(×10000)

图 8.1　清洗沙颗粒表面 SEM 图像

（a）颗粒 b(×5000)

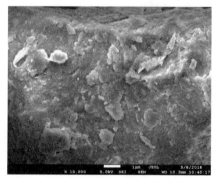
（b）颗粒 b(×10000)

图 8.2　去离子水中 As 单独存在时吸附平衡后泥沙颗粒表面 SEM 图像

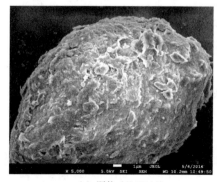
（a）颗粒 d(×5000)

（b）颗粒 d(×10000)

图 8.3　去离子水中 As、Fe^{3+} 共存时吸附平衡后泥沙颗粒表面 SEM 图像

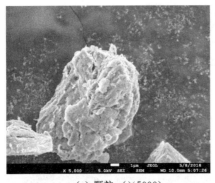 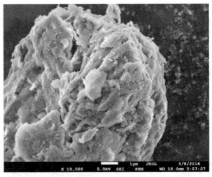

(a) 颗粒 g(×5000)   (b) 颗粒 g(×10000)

图 8.4　去离子水中 As、Mn^{2+} 共存时吸附平衡后泥沙颗粒表面 SEM 图像

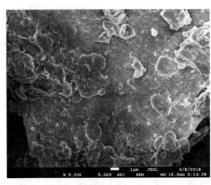 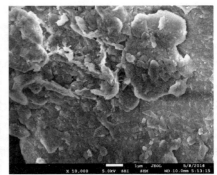

(a) 颗粒 h(×5000)   (b) 颗粒 h(×10000)

图 8.5　去离子水中 As、Fe^{3+}、Mn^{2+} 共存时吸附平衡后泥沙颗粒表面 SEM 图像

隙被填充而变少，表面变得平滑，纹理结构变得不明显，并且表面有圆球状颗粒物；颗粒 d 圆度较好，颗粒边缘较为圆润，表面有小的圆球状颗粒物和长条状聚合物；颗粒 g 沙样变得松散，表面有较大孔隙，黏附有圆球状颗粒物；颗粒 h 沙样表面附着有大的片状泥沙，并有圆球状颗粒物。

上述结果表明：当只有 As 存在时，从物理角度看泥沙颗粒表面孔隙因吸附了 As 被填充而减少，水流的流动使泥沙受到不同作用力而使表面结构发生变化，变得较平滑；当有共存离子 Fe^{3+} 或 Mn^{2+} 存在时，在泥沙颗粒边缘发生吸附作用而使边缘变得较为圆滑，同时因离子浓度更高，泥沙吸附程度也更大，因而沙样结构变得更为松散；吸附 As、Fe^{3+} 的泥沙表面呈现片层结构；吸附 As、Mn^{2+} 的泥沙表面出现条状结构；当 Fe^{3+}、Mn^{2+} 共存时，3 种离子在泥沙表面发生吸附，并在水流作用下而迁移转化形成片状和条纹状结构黏附在颗粒表面。

8.1.2　黄河地表水中泥沙吸附 As 后颗粒表面形貌

按照 7.1 节的试验方案得到的沙样经过扫描电镜扫描后，得到以黄河地表水为试验用水，吸附平衡后沙样的 SEM 图像，如图 8.6～图 8.9 所示。

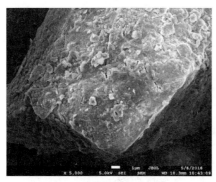

（a）颗粒 c(×5000)　　　　　　（b）颗粒 c(×10000)

图 8.6　地表水中 As 单独存在时吸附平衡后泥沙颗粒表面 SEM 图像

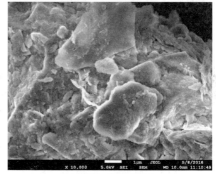

（a）颗粒 e(×5000)　　　　　　（b）颗粒 e(×10000)

图 8.7　地表水中 As、Fe^{3+} 共存时吸附平衡后泥沙颗粒表面 SEM 图像

由图 8.6～图 8.9 的沙样颗粒 SEM 图像可以发现，颗粒 c 沙样表面变得平滑细腻，有裂缝状孔隙，并且表面有圆球状小颗粒物存在；颗粒 e 沙样表面不均匀，覆盖了一层较大的颗粒；颗粒 f 表面伴随着细小颗粒出现了针状的形貌；颗粒 i 沙样结构比较松散，表面呈薄片状结构。

上述现象表明：当水源为黄河地表水时，由于水体中本身含有的各种有机和无机污染物质，使得在泥沙的吸附过程中不同污染物之间以及与泥沙本身组分之间相互影响、相互作用，并在水流的作用下不断发生迁移转化，使泥沙表面形貌变得更复杂多变。

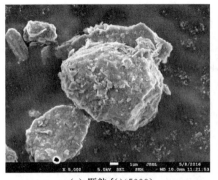
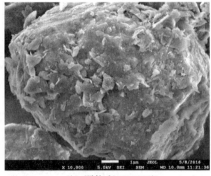

（a）颗粒 f(×5000)　　　　　　　　（b）颗粒 f(×10000)

图 8.8　地表水中 As、Mn^{2+} 共存时吸附平衡后泥沙颗粒表面 SEM 图像

（a）颗粒 i(×5000)　　　　　　　　（b）颗粒 i(×10000)

图 8.9　地表水中 As、Fe^{3+}、Mn^{2+} 共存时吸附平衡后泥沙颗粒表面 SEM

8.1.3　黄河侧渗水中泥沙吸附砷后颗粒表面形貌

按照 7.1 节的试验方案得到的沙样经过扫描电镜扫描后，得到以黄河侧渗水为试验用水，吸附平衡后沙样的 SEM 图像，如图 8.10～图 8.13 所示。

由图 8.10～图 8.13 的沙样颗粒 SEM 图像可以发现：颗粒 k 沙样表面吸附有块状物并相互粘连；颗粒 l 沙样之间互相交织在一起，相貌复杂，有较多的圆球状颗粒物和条状结构；颗粒 m 沙样结构松散，表面有块状泥沙并且上面有圆球状物质和短柱状颗粒；颗粒 n 凸凹不平，凸起部位泥沙表面散乱，有小孔隙出现松散的块状结构。

以上结果表明：当水源为黄河侧渗水时，由于水体中含有各种不同的污染物，在泥沙吸附作用下颗粒表面被吸附物包裹并相互黏连，颗粒的表面形貌特征突出，表面的物质相互聚集、桥接而形成孔隙，从而使结构更为松散。

（a）颗粒 k（×5000）　　　　　　　（b）颗粒 k（×10000）

图 8.10　侧渗水中 As 单独存在时吸附平衡后泥沙颗粒表面 SEM 图像

（a）颗粒 l（×5000）　　　　　　　（b）颗粒 l（×10000）

图 8.11　侧渗水中 As、Fe^{3+} 共存时吸附平衡后泥沙颗粒

（a）颗粒 m（×5000）　　　　　　　（b）颗粒 m（×10000）

图 8.12　侧渗水中 As、Mn^{2+} 共存时吸附平衡后泥沙颗粒表面 SEM 图像

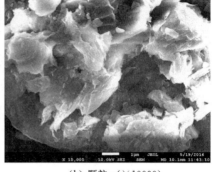

(a) 颗粒 n(×5000)   (b) 颗粒 n(×10000)

图 8.13   侧渗水中 As、Fe^{3+}、Mn^{2+} 共存时吸附平衡后泥沙颗粒

 ## 8.2   去离子水泥沙颗粒表面物理特性

8.2.1   泥沙样品吸附等温线

用比表面和孔隙度分析仪（BELSORP‐MiniII，日本）对样品进行氮气吸附‐脱附试验测试，绘制等温吸附线，结果见图 8.14。

5 个样品的等温吸附线类型一致。由图 8.14 可以看出，黄河泥沙的吸附等温线属于第 II 类，是多孔介质多层吸附模型的典型情况，这 3 个样品的吸附等温线的回线属于 B 类，表明孔隙结构接近平行壁的狭缝状毛细孔。在吸附等温线的前面一段可用 BET 方程来描述，一般相对压力范围为 0.05～0.35。在这个相对压力范围内，BET 图为一直线。后半段吸附量发生急剧上升，且上升后吸附量仍有继续上升的趋势，是因为发生毛细孔凝聚现象，可用达尔文方程来描述。由于孔的孔径范围由小至大没有尽头，由毛细孔凝聚引起的吸附量的急剧增加也就没有尽头。

图 8.14 中，清洗沙在接近饱和蒸汽压时单位质量颗粒吸附氮气的体积为 $37.45cm^3$；含 As 的去离子水溶液在接近饱和蒸汽压时单位质量颗粒吸附氮气的体积为 $39.87cm^3$；As、Fe^{3+} 共存的去离子水溶液在接近饱和蒸汽压时单位质量颗粒吸附氮气的体积为 $34.42cm^3$；As、Mn^{2+} 共存的去离子水溶液在接近饱和蒸汽压时单位质量颗粒吸附氮气的体积为 $38.4cm^3$；As、Fe^{3+}、Mn^{2+} 共存的去离子水溶液在接近饱和蒸汽压时单位质量颗粒吸附氮气的体积为 $43.25cm^3$。

四种去离子水泥沙样品按吸附氮气体积大小排列为：As＋Fe^{3+}＋Mn^{2+}＞As＞As＋Mn^{2+}＞As＋Fe^{3+}。说明当有共存离子 Fe^{3+}、Mn^{2+} 时，经过吸附后的沙洋表面孔体积最大，当有共存离子 Fe^{3+} 存在时，经过吸附后的沙样的表

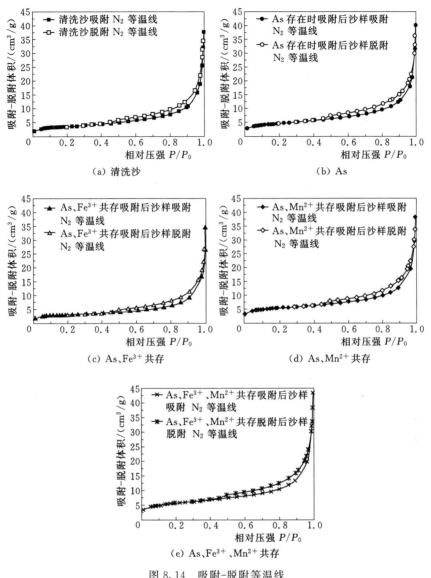

图 8.14　吸附-脱附等温线

面孔体积最小，这与表 8.1 的数据相符。

8.2.2　泥沙颗粒表面的物理特性

1. 表面孔分布

用比表面和孔隙度分析仪（BELSORP‐Mini Ⅱ，日本）对样品进行氮气吸附‐脱附试验测试，为了对比清晰，将孔径分为两段，绘制孔分布曲线见图 8.15。

由图 8.15 可知，该沙样以中孔体积为主，孔径主要是在 2.0nm 和 2.4nm

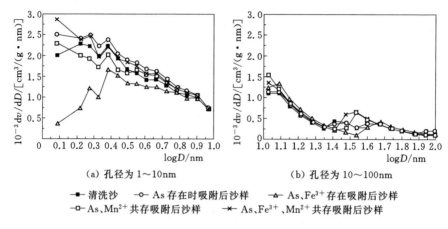

(a) 孔径为 1~10nm　　　　(b) 孔径为 10~100nm

- ■— 清洗沙　—○— As 存在时吸附后沙样　—△— As、Fe³⁺ 存在吸附后沙样
- —□— As、Mn²⁺ 共存吸附后沙样　—×— As、Fe³⁺、Mn²⁺ 共存吸附后沙样

图 8.15　泥沙颗粒孔径分布曲线

左右。经过氮气吸附后，整体上看，在 2.4nm 处都存在一个峰，小于 2.4nm 的孔径范围内的孔隙体积波动较大，其中只有 As 存在，As、Fe^{3+}、Mn^{2+} 共存时沙样在此范围内的孔隙体积比 As、Fe^{3+} 和 As、Mn^{2+} 的大；在 2.4~10nm 范围内变化趋势相同，在 10~100nm 内 As、Fe^{3+} 共存和 As、Mn^{2+} 共存时的沙样在 35nm 左右的孔隙体积变大。As、Fe^{3+} 在孔径 2.4nm 的峰值最高，峰值向大孔径方向迁移，而在更小孔径范围内孔隙体积较其他样品明显减少。原因是一方面当含有共存离子 Fe^{3+} 时，溶液中污染物浓度变高，在泥沙颗粒吸附过程中导致吸附量增加，泥沙颗粒表面及内部孔隙被填充，从而使孔隙体积减小；另一方面，这种孔径的孔隙更有利于 As 和 Fe^{3+} 的吸附，因此被共存离子大量填充。

2. 比表面积、孔体积和平均孔径

用比表面和孔隙度分析仪（BELSORP - Mini Ⅱ，日本）对样品进行氮气吸附-脱附试验测试，得到样品的比表面积、孔体积和平均孔径见表 8.1，并绘制样品累积曲线见图 8.16。

表 8.1 是试验样品的比表面积、孔体积和平均孔径的结果。由表 8.1 可以看出，去离子水样品按比表面积大小排列为：$As+Fe^{3+}+Mn^{2+}$ ＞$As+Mn^{2+}$ ＞As＞$As+Fe^{3+}$。相比清洗沙，只有 As 时沙样的比表面积明显增大，说明以去离子水为水源经过砷吸附试验后，颗粒的表面积明显增加了，孔隙体积也相应增大，同时吸附后使较小孔径的孔隙增加导致平均孔径反而减小；$As+Fe^{3+}$ 时沙样与只有 As 时沙样相比增加了共存离子 Fe^{3+}，污染物变得复杂，程度也更高，因此比表面积和孔体积变小，而平均孔径变大。这都说明在吸附过程中，泥沙颗粒与污染物质的吸附作用，从物理的角度来说，是孔隙被填充的机制。$As+Mn^{2+}$

表 8.1　　　　　　泥沙颗粒的比表面积、孔体积和平均孔径

样　品	BET 比表面积/(m²/g)	BET 总孔体积/(cm³/g)	平均孔径/nm
清洁沙	11.52	0.043017	14.938
只有 As 时沙样	15.28	0.045787	13.074
As＋Fe³⁺ 时沙样	11.67	0.039511	16.660
As＋Mn²⁺ 时沙样	19.82	0.045825	11.162
As＋Fe³⁺＋Mn²⁺ 时沙样	20.14	0.047826	11.295

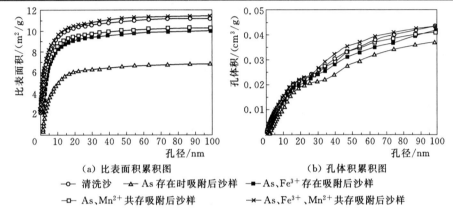

（a）比表面积累积图　　　　　　（b）孔体积累积图

—○— 清洗沙　—△— As 存在吸附后沙样　—■— As、Fe³⁺ 存在吸附后沙样
—□— As、Mn²⁺ 共存吸附后沙样　—✕— As、Fe³⁺、Mn²⁺ 共存吸附后沙样

图 8.16　泥沙颗粒比表面积及孔体积累积曲线图

时沙样与 As＋Fe³⁺＋Mn²⁺ 时沙样比表面积、孔体积和平均孔径都很接近，说明当 Fe³⁺、Mn²⁺ 共存时，在泥沙表面形貌改变的过程中 Mn²⁺ 起主要作用。

从图 8.16 可以看出，清洁沙吸附砷后比表面积增大，砷在泥沙颗粒表面的聚积和孔隙结构中的填充，产生许多微小的孔隙，氮分子吸附-脱附时能进入孔隙，比表面积会出现增加现象。随着吸附量的增加，松散的微小孔隙会逐渐紧实，此时比表面积的增加会减缓，并趋于稳定。当共存离子 As、Fe³⁺ 都存在时，比表面积也有相同的变化趋势。结合表 8.1 可以发现，除清洁沙外，同样品 BET 比表面积和 BJH 累积比表面积相差较大，其原因可能是 BET 是用来表征颗粒总比表面积，而 BJH 是测孔径大于 2nm 的颗粒的比表面积，经过 As 吸附后的泥沙颗粒会使小孔径数量增加，因此会使比表面积之间产生这样的差距。

8.2.3　泥沙颗粒表面元素分析

采用 SEM-EDS 联用能够对视窗内颗粒表面的局部范围进行元素探测和分析，探测区域内元素所占质量分数 w 和原子数的百分比 A，结果见图 8.17～图 8.21 和表 8.2。

由图 8.17～图 8.21 可以看出，颗粒探测区域内原子个数以 C、O、Al、Si

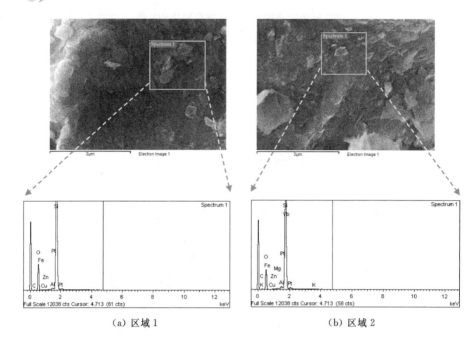

（a）区域 1　　　　　　　　　　　　（b）区域 2

图 8.17　清洁沙颗粒能谱分析图

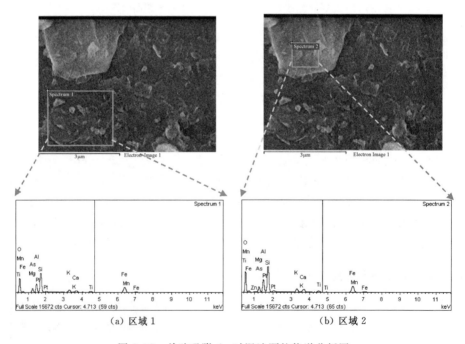

（a）区域 1　　　　　　　　　　　　（b）区域 2

图 8.18　单独吸附 As 时泥沙颗粒能谱分析图

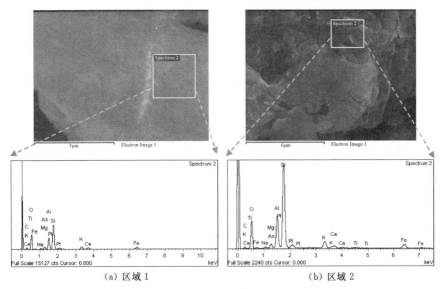

（a）区域 1　　　　　　　　　　（b）区域 2

图 8.19　As、Fe^{3+} 共存时泥沙颗粒能谱分析图

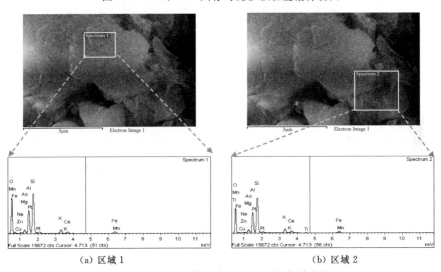

（a）区域 1　　　　　　　　　　（b）区域 2

图 8.20　As、Mn^{2+} 共存时泥沙颗粒能谱分析图

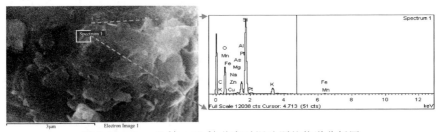

图 8.21　As、Fe^{3+}、Mn^{2+} 共存时泥沙颗粒能谱分析图

为主，其中颗粒表面 O 和 Si 含量较高，这与泥沙颗粒主要由 SiO_2 组成的结论一致。同一样品不同区域的元素组成略有差异，可能跟探测区域内的形状有关。$As+Mn^{2+}$ 和 $As+Fe^{3+}+Mn^{2+}$ 时沙样探测区域的 As 含量比只有 As 时沙样探测区域内的 As 含量高，其原因之一可能是当有共存离子存在时使 As 吸附量增加，但这与第 7 章的结论不符；另一方面可能与探测区域的形貌有关，其中 $As+Mn^{2+}$ 时沙样两个不同探测区域内的 As 含量相差较大能证实这一原因。$As+Fe^{3+}$ 中的 As 含量出现负值，其原因可能是谱图计数总量偏小，谱图不够光滑，As 附近的背底比 As 的峰还高。

8.2.4　泥沙颗粒的分形维数

根据 3.7.2 节的方法，用最小二乘法拟合计算得到清洁沙样和吸附样品的分形维数和表面分形维数的拟合曲线，见表 8.2 和图 8.22～图 8.26。

表 8.2　泥沙颗粒的表面分形维数

样　品	FHH 方程吸附 $x>0.35$	FHH 方程吸附 $0.7320<x<0.9826$	FHH 方程脱附 $x>0.35$
清洁沙	2.588	2.579	2.601
只有 As 时沙样	2.637	2.624	2.646
$As+Fe^{3+}$ 时沙样	2.592	2.562	2.579
$As+Mn^{2+}$ 时沙样	2.666	2.649	2.658
$As+Fe^{3+}+Mn^{2+}$ 时沙样	2.672	2.659	2.674

由表 8.2 可以看出，通过 FHH 方程计算出 3 个样品的表面分形维数 D_s 值为 2～3，符合表面分形维数的定义。计算结果也显示，3 种计算方法得到的表面分形维数虽然有差异，但都趋近 3。同时表面分形维数的变化趋势也是一样，都是清洗沙最小，As、Fe^{3+}、Mn^{2+} 共存时沙样最大，因为分形维数是泥沙颗粒表面粗糙度和自相似性的宏观表述，微观结构的细微变化不会引起表面分形维数的变化，因此表中表面分形维数数值的差异说明共存离子的存在对泥沙颗粒表面微观结构有显著影响。

去离子水样品按表面分形维数大小排列为：$As+Fe^{3+}+Mn^{2+}$ 时沙样 $>As+Mn^{2+}$ 时沙样$>$只有 As 时沙样$>As+Fe^{3+}$ 时沙样，这与比表面积的数据相一致，由此可知，共存离子 Mn^{2+} 在泥沙形貌的变化过程中起主要作用。

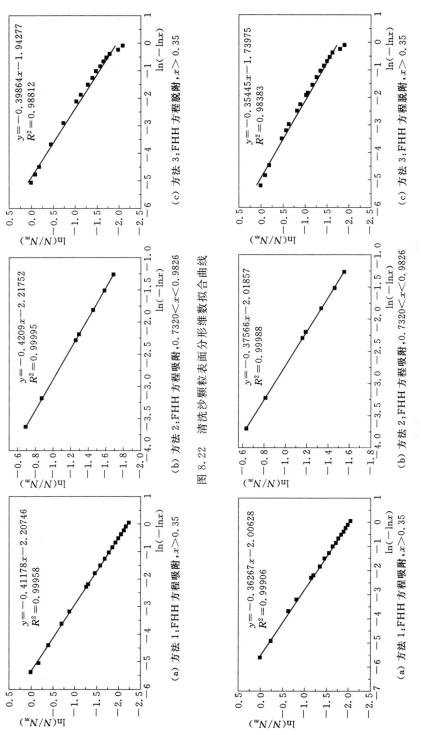

图 8.22 清洗沙颗粒表面分形维数拟合曲线

图 8.23 As 单独存在时吸附平衡后泥沙颗粒表面分形维数拟合曲线

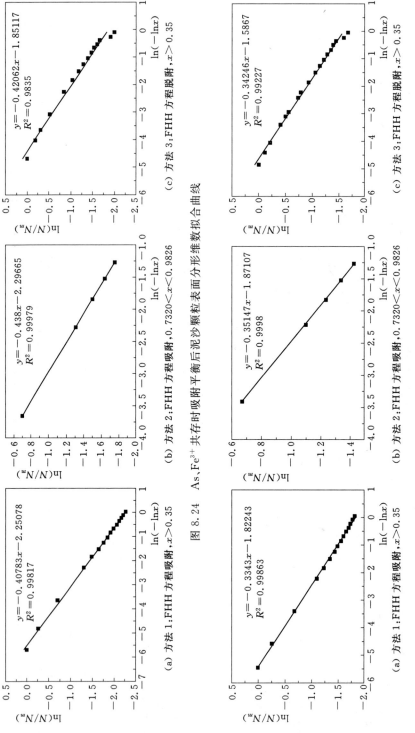

图 8.24 As、Fe³⁺ 共存时吸附平衡后泥沙颗粒表面分形维数拟合曲线

图 8.25 As、Mn²⁺ 共存时吸附平衡后泥沙颗粒表面分形维数拟合曲线

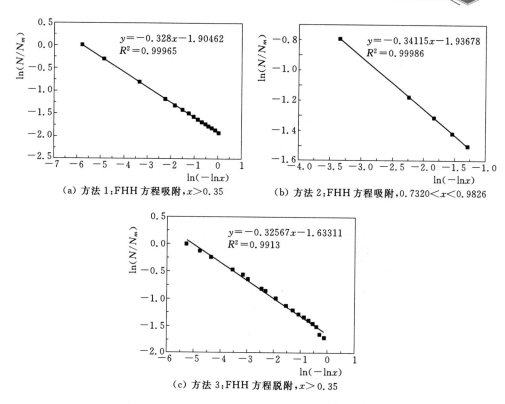

（a）方法1：FHH方程吸附，$x > 0.35$　　　　（b）方法2：FHH方程吸附，$0.7320 < x < 0.9826$

（c）方法3：FHH方程脱附，$x > 0.35$

图8.26　As、Fe^{3+}、Mn^{2+}共存时吸附平衡后泥沙颗粒表面分形维数拟合曲线

8.3　黄河地表水泥沙吸附颗粒表面物理特性

8.3.1　泥沙样品吸附等温线

用比表面和孔隙度分析仪（BELSORP-Mini Ⅱ，日本）对样品进行氮气（N_2）吸附-脱附试验测试，绘制等温吸附线，结果见图8.27。

由图8.27可知：含As的地表水溶液在接近饱和蒸汽压时单位质量颗粒吸附氮气的体积为36.54cm³；As、Fe^{3+}共存的地表水溶液在接近饱和蒸汽压时单位质量颗粒吸附氮气的体积为50.93cm³；As、Mn^{2+}共存的地表水溶液在接近饱和蒸汽压时单位质量颗粒吸附氮气的体积为39.66cm³；As、Fe^{3+}、Mn^{2+}共存的地表水溶液在接近饱和蒸汽压时单位质量颗粒吸附氮气的体积为225.58cm³。

4种地表水泥沙样品按吸附氮气体积大小排列为：As＋Fe^{3+}＋Mn^{2+}＞As＋Fe^{3+}＞As＋Mn^{2+}＞As。说明当有共存离子Fe^{3+}、Mn^{2+}时，经过吸附后

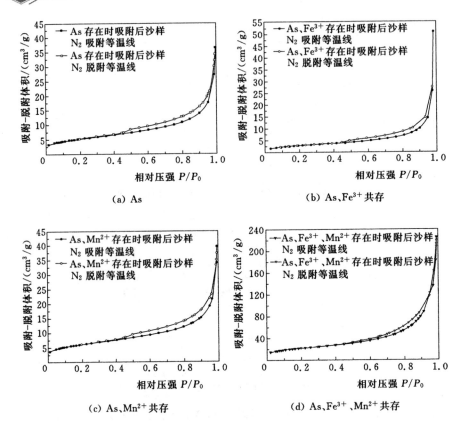

图 8.27　吸附-脱附等温线

的沙样表面孔体积最大；当只有 As 存在时，经过吸附后的沙样的表面孔体积最小。这与表 8.3 的数据相符。

8.3.2　泥沙颗粒表面的物理特性

1. 表面孔分布

用比表面和孔隙度分析仪（BELSORP - Mini Ⅱ，日本）对样品进行氮气吸附-脱附试验测试，为了对比清晰，将孔径分为两段，绘制孔分布曲线，见图 8.28。

由图 8.28 可知：经过氮气吸附后，整体上看，1～10nm 范围内，四种吸附沙样在 2.4nm 附近都存在一个峰，但 As、Fe^{3+} 和 As、Fe^{3+}、Mn^{2+} 共存时吸附后沙样除了在 2.4nm 附近存在一个峰，还在 2.0nm 附近出现了孔分布峰，表明 Fe^{3+} 的存在会使沙样小孔径数量增加；As 存在和 As、Mn^{2+} 共存时吸附后沙样的孔隙体积变化趋势相同，但 As 存在时吸附后沙样的孔隙体积稍

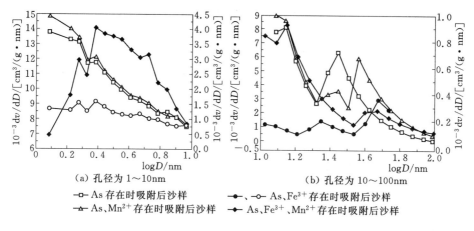

（a）孔径为 1～10nm   （b）孔径为 10～100nm

—□— As 存在时吸附后沙样   —●—、—○— As、Fe^{3+} 存在时吸附后沙样
—△— As、Mn^{2+} 存在时吸附后沙样   —◆— As、Fe^{3+}、Mn^{2+} 存在时吸附后沙样

图 8.28　泥沙颗粒孔径分布曲线

大；10～100nm 范围内，As 吸附沙样和 As、Mn^{2+} 共存时吸附沙样在 28nm 附近都存在一个峰，但此时 As、Mn^{2+} 共存时吸附沙样的峰强减弱，同时 As 存在时吸附后沙样还在 15nm 附近存在一个峰，As、Mn^{2+} 共存时吸附沙样还在 38nm 附近出现了孔分布峰，表明 Mn^{2+} 的存在会使峰值向大孔径方向迁移；As、Fe^{3+} 和 As、Fe^{3+}、Mn^{2+} 共存时吸附后沙样在 48nm 附近都存在一个峰，但此时 As、Fe^{3+}、Mn^{2+} 共存时吸附沙样的峰强减弱，同时 As、Fe^{3+} 在 15nm 附近存在一个峰，As、Fe^{3+}、Mn^{2+} 在 22nm 附近存在一个峰，表明当有 Mn^{2+} 存在时，会使沙样大孔径数量增加，同时结合 SEM 图像，可以表明，Mn^{2+} 的存在在泥沙形貌改变方面占据主要作用。

2. 比表面积、孔体积和平均孔径

用比表面和孔隙度分析仪（BELSORP - Mini Ⅱ，日本）对样品进行氮气吸附-脱附试验测试，得到样品的比表面积、孔体积和平均孔径见表 8.3，并绘制样品累积曲线，见图 8.29。

表 8.3　　　　　　　　泥沙颗粒的比表面积、孔体积和平均孔径

样　品	BET 比表面积/(m^2/g)	BET 总孔体积/(cm^3/g)	平均孔径/nm
只有 As 时沙样	18.63	0.041907	9.8538
As＋Fe^{3+} 时沙样	9.80	0.078778	31.152
As＋Mn^{2+} 时沙样	21.76	0.049373	10.102
As＋Fe^{3+}＋Mn^{2+} 时沙样	74.58	0.2807	16.563

表 8.3 是试验样品的比表面积、孔体积和平均孔径的结果。由表 8.3 可以看出，地表水样品按比表面积大小排列为：As＋Fe^{3+}＋Mn^{2+}＞As＋Mn^{2+}＞As＞As＋Fe^{3+}。从图 8.29 可以看出，As 吸附样品、As＋Mn^{2+} 吸附样品和

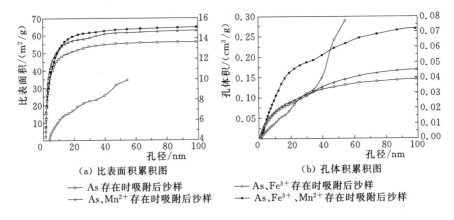

(a) 比表面积累积图 (b) 孔体积累积图

— ○— As 存在时吸附后沙样　　— ○— As、Fe³⁺ 存在时吸附后沙样
— ×— As、Mn²⁺ 存在时吸附后沙样　— ●— As、Fe³⁺、Mn²⁺ 存在时吸附后沙样

图 8.29　泥沙颗粒比表面积及孔体积累计曲线图

$As+Fe^{3+}+Mn^{2+}$ 吸附样品的比表面积变化趋势与去离子水试验样品的相似，而 $As+Fe^{3+}$ 吸附样品在大于 55nm 范围内孔径没有累积比表面积和孔体积。结合表 8.3 可以发现，$As+Fe^{3+}$ 吸附样品的平均孔径远高于其他三种样品，其原因可能是：一方面黄河地表水本身含有污染物质而被泥沙颗粒吸附导致更大的孔径被填充；另一方面，由 2.3 节可知黄河地表水中有较高 Fe 含量，在吸附过程中使部分松散的微小孔隙会逐渐紧实，使得平均孔径变大，这与孔径分布曲线变化相符。

8.3.3　泥沙颗粒表面元素分析

采用 SEM-EDS 联用能够对视窗内颗粒表面的局部范围进行元素探测和分析，探测区域内元素所占质量分数 w 和原子数的百分比 A，结果见图 8.30～图 8.33 和表 8.2。

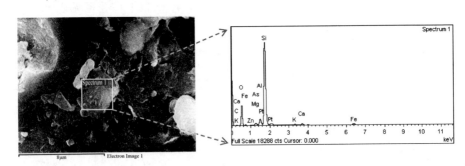

图 8.30　单独吸附 As 时泥沙颗粒能谱分析图

由图 8.30～图 8.33 可以看出，$As+Fe^{3+}$ 吸附沙样颗粒探测区域内原子个数以 C、O、Fe 为主，其中颗粒表面 O 和 Fe 含量较高，同一样品不同区域的元素

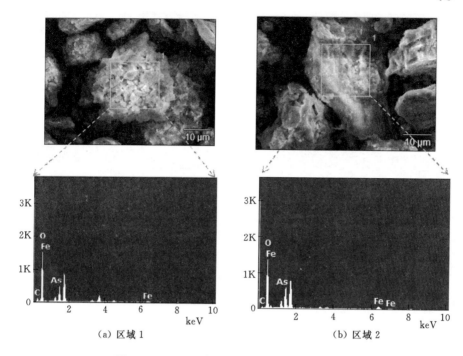

图 8.31 As、Fe^{3+} 共存时泥沙颗粒能谱分析图

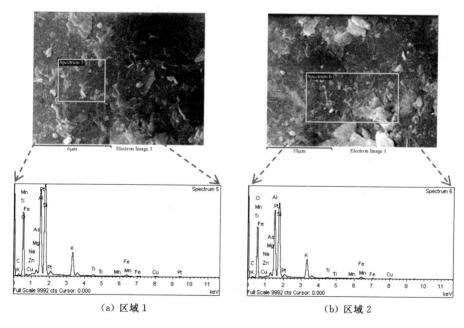

图 8.32 As、Mn^{2+} 共存时泥沙颗粒能谱分析图

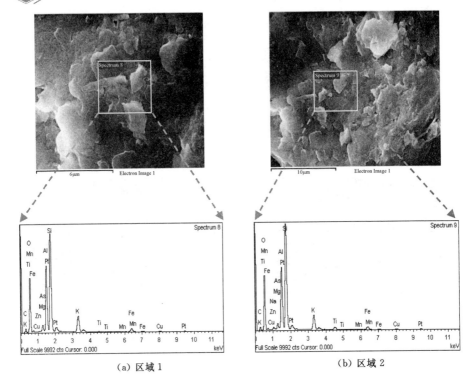

图 8.33 As、Fe^{3+}、Mn^{2+} 共存时泥沙颗粒能谱分析图

组成略有差异，可能跟探测区域内的形状有关。As＋Fe^{3+} 吸附沙样探测区域的 As 含量最高，单独 As 吸附沙样探测区域的 As 含量最低，As＋Mn^{2+} 吸附沙样探测区域 As 含量高于 As＋Fe^{3+}＋Mn^{2+} 吸附沙样探测区域的 As 含量，其原因可能是只有共存离子 Fe^{3+} 存在时，对泥沙颗粒形貌的改变有利于 As 的吸附，当有共存离子 Fe^{3+} 和 Mn^{2+} 同时存在时会由于竞争吸附而不利于 As 的吸附。

8.3.4 泥沙颗粒的分形维数

根据 3.7.2 节的方法，用最小二乘法拟合计算得到清洁沙样和吸附样品的分形维数和表面分形维数的拟合曲线，见表 8.4 和图 8.34～图 8.37。

表 8.4　　　　　　　　　　泥沙颗粒的表面分形维数

样　品	FHH 方程吸附 $x>0.35$	FHH 方程吸附 $0.7320<x<0.9826$	FHH 方程脱附 $x>0.35$
只有 As 时沙样	2.724	2.685	2.700
As＋Fe^{3+} 时沙样	1.362	1.667	1.111
As＋Mn^{2+} 时沙样	2.713	2.697	2.709
As＋Fe^{3+}＋Mn^{2+} 时沙样	2.589	2.540	2.588

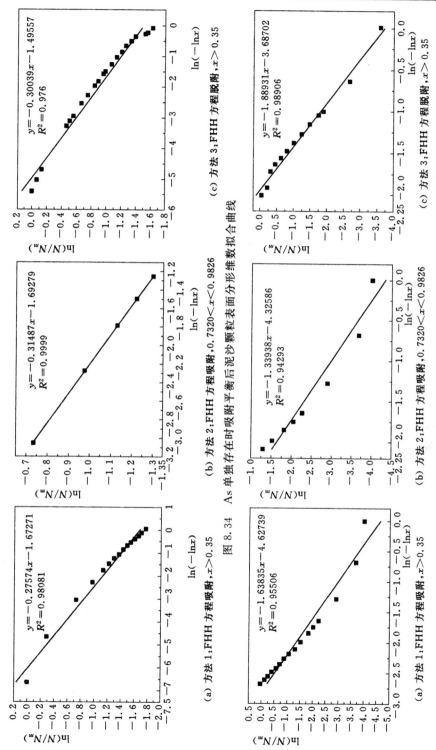

(c) 方法 3：FHH 方程脱附，$x>0.35$

(b) 方法 2：FHH 方程吸附，$0.7320<x<0.9826$

(a) 方法 1：FHH 方程吸附，$x>0.35$

图 8.34 As 单独存在时吸附平衡后泥沙颗粒表面分形维数拟合曲线

(c) 方法 3：FHH 方程脱附，$x>0.35$

(b) 方法 2：FHH 方程吸附，$0.7320<x<0.9826$

(a) 方法 1：FHH 方程吸附，$x>0.35$

图 8.35 As、Fe^{3+} 共存时吸附平衡后泥沙颗粒表面分形维数拟合曲线

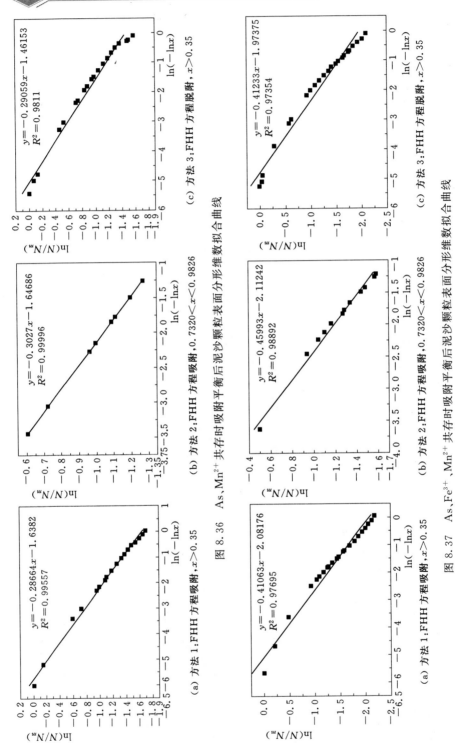

图 8.36　As、Mn^{2+} 共存时吸附平衡后泥沙颗粒表面分形维数拟合曲线

图 8.37　As、Fe^{3+}、Mn^{2+} 共存时吸附平衡后泥沙颗粒表面分形维数拟合曲线

由表 8.4 可以看出，黄河地表水样品按表面分形维数大小排列为：只有 As 时沙样＞As＋Mn^{2+} 时沙样＞As＋Fe^{3+}＋Mn^{2+} 时沙样＞As＋Fe^{3+} 时沙样。其中 As＋Fe^{3+} 吸附沙样的表面分形维数小于 2，其原因可能是探测区域比较平坦，呈现二维截面。

8.4 黄河侧渗水泥沙吸附颗粒表面物理特性

8.4.1 泥沙样品吸附等温线

用比表面和孔隙度分析仪（BELSORP - Mini Ⅱ，日本）对样品进行氮气吸附-脱附试验测试，绘制等温吸附线结果见图 8.38。

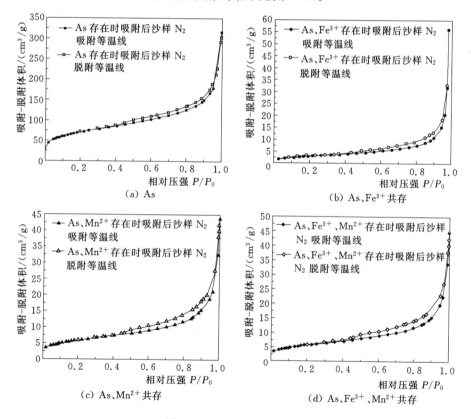

图 8.38 吸附-脱附等温线

由图 8.38 可知，含 As 的侧渗水溶液在接近饱和蒸汽压时单位质量颗粒吸附氮气的体积为 315.17cm³；As、Fe^{3+} 共存的侧渗水溶液溶液在接近饱和蒸汽压时单位质量颗粒吸附氮气的体积为 55.88cm³；As、Mn^{2+} 共存的侧渗水溶液在接近饱和蒸汽压时单位质量颗粒吸附氮气的体积为 $43.59cm^3$；As、Fe^{3+}、Mn^{2+} 共存的侧渗水溶液在接近饱和蒸汽压时单位质量颗粒吸附氮气的体积为 $44.54cm^3$。

四种侧渗水泥沙样品按吸附氮气体积大小排列为：$As>As+Fe^{3+}>As+Fe^{3+}+Mn^{2+}>As+Mn^{2+}$。说明只有 As 时，经过吸附后的沙洋表面孔体积最大，当有共存离子 Mn^{2+} 存在时，经过吸附后的沙样的表面孔体积最小。

8.4.2　泥沙颗粒表面的物理特性

1. 表面孔分布

用比表面和孔隙度分析仪（BELSORP-Mini II，日本）对样品进行氮气吸附-脱附实验测试，为了对比清晰，将孔径分为两段，绘制孔径分布曲线见图 8.39。

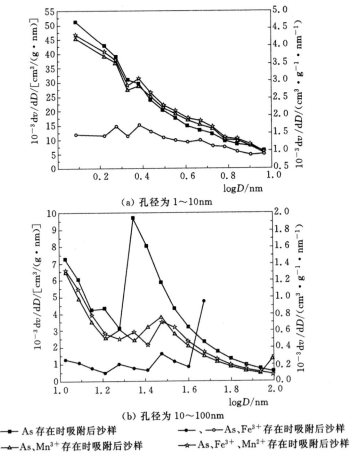

图 8.39　泥沙颗粒孔径分布曲线

由图 8.39 可知：经过氮气吸附后，整体上看，$1 \sim 10$nm 范围内，As、Fe^{3+} 吸附沙样，As、Mn^{2+} 吸附沙样和 As、Fe^{3+}、Mn^{2+} 吸附沙样在 2.4nm 附近都存在一个峰，但 As、Fe^{3+} 共存吸附后沙样除了在 2.4nm 附近存在一个峰，还在 2.0nm 附近出现了孔分布峰，表明 Fe^{3+} 的存在会使沙样小孔径数量增加，三种吸附沙样的孔隙体积变化趋势相同，但 As、Fe^{3+}、Mn^{2+} 共存时吸附后沙样的孔隙体积稍大，As、Fe^{3+} 共存时吸附后沙样的孔隙体积较小；$10 \sim 100$nm 范围内，As、Fe^{3+} 吸附沙样、As、Mn^{2+} 吸附沙样和 As、Fe^{3+}、Mn^{2+} 吸附沙样在 30nm 附近都存在一个峰，此外，As、Fe^{3+} 吸附沙样和 As、Mn^{2+} 吸附沙样在 19nm 附近也都出现一个峰，As 吸附沙样和 As、Fe^{3+}、Mn^{2+} 吸附沙样在 22nm 附近出现一个峰，其原因可能与黄河侧渗水水源本身含有 Mn^{2+} 有关。

2. 比表面积、孔体积和平均孔径

用比表面和孔隙度分析仪（BELSORP - Mini Ⅱ，日本）对样品进行氮气吸附-脱附试验测试，得到样品的比表面积、孔体积和平均孔径见表 8.5，并绘制样品累积曲线见图 8.40。

表 8.5　　　　　　　泥沙颗粒的比表面积、孔体积和平均孔径

样　品	BET 比表面积/(m^2/g)	BET 总孔体积/(cm^3/g)	平均孔径/nm
只有 As 时沙样	250.84	0.4560	8.3496
As+Fe^{3+} 时沙样	10.853	0.0864	31.855
As+Mn^{2+} 时沙样	21.07	0.052069	10.036
As+Fe^{3+}+Mn^{2+} 时沙样	20.58	0.051927	10.197

表 8.5 是试验样品的比表面积、孔体积和平均孔径的结果。由表 8.5 可以看出，地表水样品按比表面积大小排列为：As＞As＋Mn^{2+}＞As＋Fe^{3+}＋Mn^{2+}＞As＋Fe^{3+}。从图 8.40 可以看出，As 吸附样品、As＋Mn^{2+} 吸附样品和 As＋Fe^{3+}＋Mn^{2+} 吸附样品的比表面积变化趋势与去离子水试验样品的相似，而 As＋Fe^{3+} 吸附样品在大于 48nm 范围内孔径没有累积比表面积和孔体积。结合表 8.5 可以发现，As＋Fe^{3+} 吸附样品的平均孔径远高于其他三种样品，其原因可能与黄河地表水吸附样品变化相同。As 吸附样品的 BET 比表面积和 BJH 累积比表面积相差较大，其原因可能是黄河侧渗水中含有 As，使得小孔径数量增加，因此会使比表面积之间这样的差距加大。

8.4.3　泥沙颗粒表面元素分析

采用 SEM - EDS 联用能够对视窗内颗粒表面的局部范围进行元素探测和分析，探测区域内元素所占质量分数 w 和原子数的百分比 A，结果见图

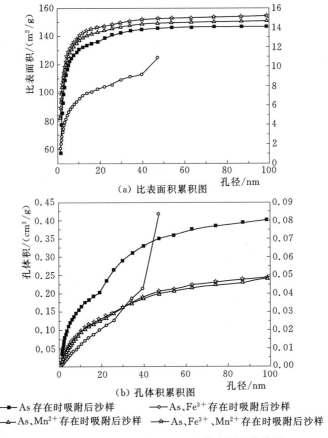

（a）比表面积累积图

（b）孔体积累积图

■ As 存在时吸附后沙样　　　　　○ As、Fe³⁺存在时吸附后沙样

△ As、Mn²⁺存在时吸附后沙样　　　☆ As、Fe³⁺、Mn²⁺存在时吸附后沙样

图 8.40　泥沙颗粒比表面积及孔体积累积曲线图

8.41～图 8.44 和表 8.2。

由图 8.41～图 8.44 可以看出，As＋Fe³⁺吸附沙样颗粒探测区域内原子个数以 C、O、Fe 为主，其中颗粒表面 O 和 Fe 含量较高，同一样品不同区域的元素组成略有差异，可能跟探测区域内的形状有关；As＋Fe³⁺吸附沙样探测区域的 As 含量最高，其次是单独 As 吸附沙样探测区域的 As 含量最低，As＋Mn²⁺和 As＋Fe³⁺＋Mn²⁺吸附沙样探测区域的平均 As 含量相同，其原因可能是黄河侧渗水中本身含有 As 使得单独吸附 As 时其吸附量增加，当共存离子 Fe³⁺和 Mn²⁺同时存在时，会产生竞争吸附而导致 As 吸附量减少，其中 Mn²⁺竞争作用占据主导地位，这与第 7 章结论一致。

8.4.4　泥沙颗粒的分形维数

根据 3.7.2 节的方法，用最小二乘法拟合计算得到清洁沙样和吸附样品的分形维数和表面分形维数的拟合曲线，见表 8.6 和图 8.45～图 8.48。

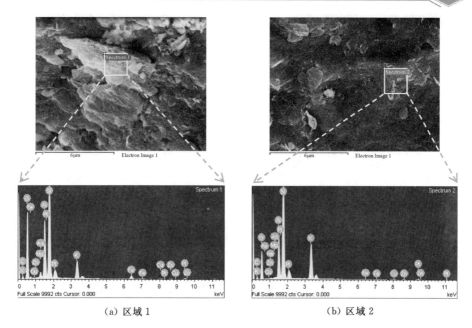

（a）区域 1　　　　　　　　　　　（b）区域 2

图 8.41　单独吸附 As 时泥沙颗粒能谱分析图

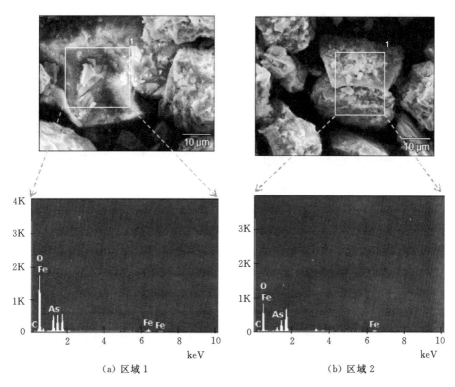

（a）区域 1　　　　　　　　　　　（b）区域 2

图 8.42　As、Fe^{3+} 共存时泥沙颗粒能谱分析图

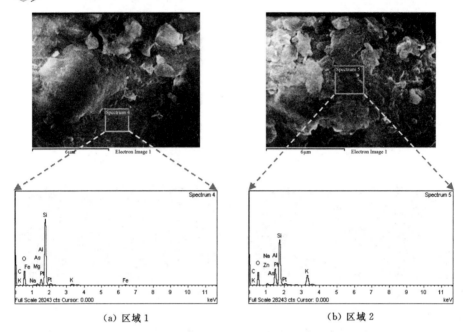

（a）区域 1　　　　　　　　　　（b）区域 2

图 8.43　As、Mn^{2+} 共存时泥沙颗粒能谱分析图

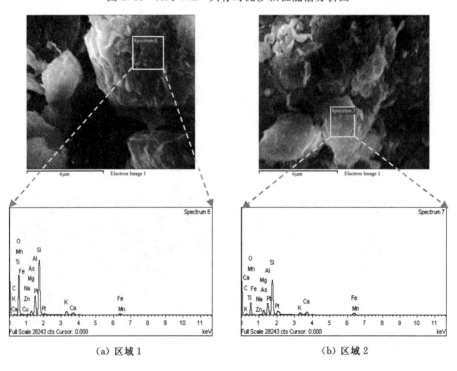

（a）区域 1　　　　　　　　　　（b）区域 2

图 8.44　As、Fe^{3+}、Mn^{2+} 共存时泥沙颗粒能谱分析图

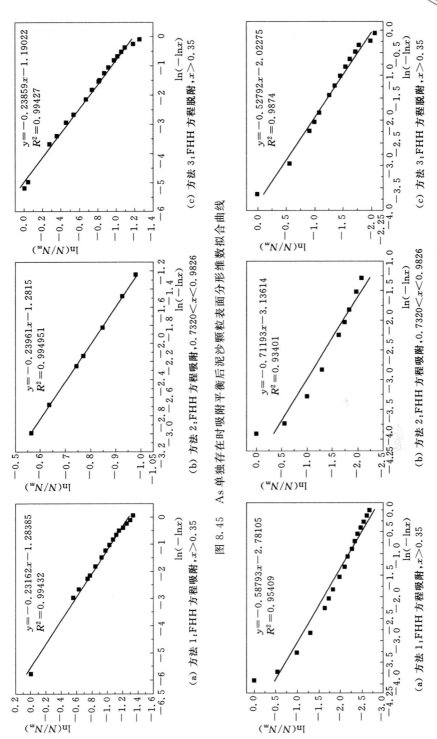

图 8.45 As 单独存在时吸附平衡后泥沙颗粒表面分形维数拟合曲线

图 8.46 As、Fe^{3+} 共存时吸附平衡后泥沙颗粒表面分形维数拟合曲线

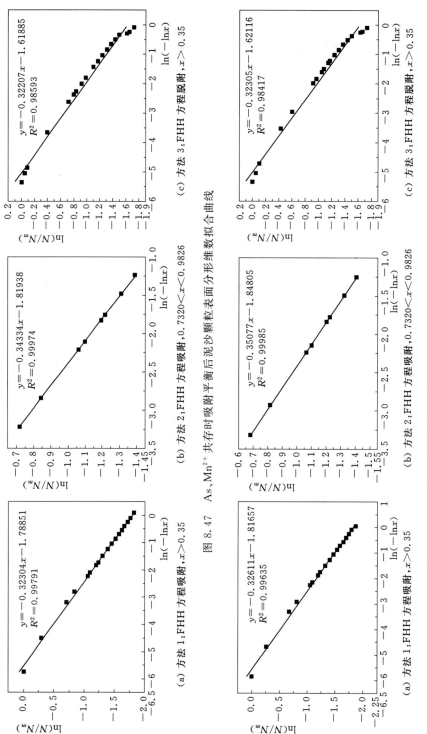

图 8.47 As,Mn^{2+} 共存时吸附平衡后泥沙颗粒表面分形维数拟合曲线

图 8.48 As,Fe^{3+},Mn^{2+} 共存时吸附平衡后泥沙颗粒表面分形维数拟合曲线

表 8.6　　　　　　　　　　泥沙颗粒的表面分形维数

样　品	FHH 方程吸附 $x>0.35$	FHH 方程吸附 $0.7320<x<0.9826$	FHH 方程脱附 $x>0.35$
只有 As 时沙样	2.768	2.760	2.761
As＋Fe^{3+} 时沙样	2.412	2.288	2472
As＋Mn^{2+} 时沙样	2.677	2.657	2.678
As＋Fe^{3+}＋Mn^{2+} 时沙样	2.674	2.649	2.677

由表 8.6 可以看出，黄河地表水样品按表面分形维数大小排列为：只有 As 时沙样＞As＋Mn^{2+} 时沙样＞As＋Fe^{3+}＋Mn^{2+} 时沙样＞As＋Fe^{3+} 时沙样。由此可知，共存离子 Fe^{3+} 对泥沙形貌的影响较大，当含有 Mn^{2+} 时，此时 Mn^{2+} 在对泥沙形貌的改变占据主要作用。

 ## 8.5　小结

（1）本章试验采用 JSM－7001F 型场发射扫描电子显微镜分别对以去离子水、黄河地表水、黄河侧渗水为试验用水的泥沙颗粒表面形貌进行扫描、观察、比较，发现以下结论：

1）比较同一水源不同共存离子泥沙吸附发现：相比较只有 As 存在，当含共存离子时，污染物成分复杂，污染程度也高，泥沙表面的孔隙因被填充而减少，同时污染物在颗粒表面相互聚集、桥接形成各种形状聚合物和孔隙。

2）比较不同水源泥沙吸附发现：与离子水相比，黄河地表水和黄河侧渗水由于本身水体中含有各种有机和无机污染物，泥沙吸附的污染物更多样，从而使泥沙颗粒表面形貌更复杂。对比吸附后泥沙颗粒表面形貌变化，黄河侧渗水对泥沙吸附的影响较大，其可能原因是两种水源的水质不同。

3）在相同试验条件下，泥沙的形貌结构也各不相同，可能与颗粒在水流的作用下发生迁移过程中受到的作用力有关。

（2）通过对泥沙样品进行氮气吸附-脱附 BET 及 EDS 元素分析，研究在共存离子作用下，泥沙吸附砷以后的表面特性，具体结论如下：

1）当 Fe^{3+}、Mn^{2+} 共存时，在泥沙表面形貌变化过程中 Mn^{2+} 起主要作用，Mn^{2+} 会改变泥沙的表面形貌而导致泥沙吸附能力减弱，泥沙形貌的改变对 As 吸附量的影响较大。

2）在 1～10nm 范围内，水源对单独吸附 As 后的泥沙颗粒的孔径分布影响不大，当共存离子 Fe^{3+} 存在时，会使泥沙颗粒样品小孔径数量增加。

3）当 As、Fe^{3+} 存在时，从物理的角度来说，吸附过程是孔隙被填充的机制。在填充过程中，产生许多微小的孔隙，导致比表面积增加。随着吸附量的增加，松散的微小孔隙会逐渐紧实，此时比表面积和总孔体积的增加会减缓，并趋于稳定。

4）元素的含量与探测区域的形貌有关，原因是颗粒表面不同区域有不同的形貌结构，吸附污染物的能力也因此不同。

5）Fe^{3+}、Mn^{2+} 之间由于产生竞争吸附而使 As 吸附量降低，其中 Mn^{2+} 竞争作用占据主导地位。

第 9 章

结　　语

 9.1　黄河泥沙级配和紊动条件对 As 的吸附影响及动力学模拟

（1）泥沙级配越大，对 As 的吸附平衡时间越短；泥沙浓度相同时，吸持率随着泥沙级配的减小而增加，级配越小，等量泥沙对砷的吸持率越大，呈现出细沙＞中沙＞粗沙的规律。

（2）黄河泥沙在 As 吸附过程中存在化学吸附。经传质动力学模型的颗粒内扩散方程研究，吸附过程分为外表面扩散吸附、内表面扩散吸附和吸附饱和三个阶段；颗粒内扩散是吸附速率的控制步骤，但不是唯一的速控步骤，膜扩散速率和内部扩散速率同时影响着吸附反应速率；加入 Mn^{2+}、Fe^{3+} 会使吸附反应的外部扩散阻力减小，内部扩散的主导地位增强；水质的差别对吸附反应速率的控制因素起到重要作用。

9.2　黄河细沙对砷的平衡吸附试验研究

（1）优选出的最佳吸附条件为：pH 值＝8，温度＝20℃，初始污染物浓度为 0.1mg/L，泥沙粒径＞0.3mm，振速＞120r/min。

（2）随着泥沙浓度的增大，泥沙对 As 污染物的吸持率不断增高，而单位质量的泥沙对 As 污染物的吸附量却表现出相反的规律，即低浓度单位质量泥沙吸附 As 污染物的量远高于高浓度泥沙。

9.3　Fe^{3+}、Mn^{2+} 共存时细沙吸附 As 试验研究

（1）在最佳吸附条件下，加入共存离子后吸附饱和时间由原来的 60min 增加到了 90min。

（2）水样中单独加入 Mn^{2+} 后，随着 Mn^{2+} 浓度增大，砷的吸持率在 Mn^{2+} 浓度为 0.2～0.4mg/L 时达到最大值，在 Mn^{2+} 浓度为 1.0mg/L 时降到最低；水样中单独加入 Fe^{3+}，在 Fe^{3+} 浓度为 0.3～0.4mg/L 时最不利于泥沙对 As 的吸附，Fe^{3+} 竞争吸附效应明显。

（3）低泥沙浓度（$5kg/m^3$、$10kg/m^3$）情况下，随着 Mn^{2+} 和 Fe^{3+} 浓度增大，砷的吸持率基本表现为先快速上升，到 Mn^{2+} 和 Fe^{3+} 浓度为 0.5mg/L 上升速度减慢，说明 Mn^{2+} 和 Fe^{3+} 共存时，有效地抵消了相互的干扰，表现为整体的吸持率较为持续上升的现象；同时，在共存离子浓度达到 1.0mg/L 时，泥沙对 As 污染物的吸附已基本达到极限。高泥沙浓度（$15kg/m^3$、$20kg/m^3$、$25kg/m^3$）情况下，峰值出现在共存离子浓度达到 1.5mg/L 时。

9.4　黄河水源地泥沙吸附 As 研究

（1）以黄河深井侧渗水和黄河地表水作为原水，在黄河侧渗水试验中，共存离子的存在对 As 产生竞争吸附作用，其中 Fe^{3+} 的竞争要低于 Mn^{2+} 离子造成的竞争作用，Fe^{3+} 和 Mn^{2+} 共同存在时较任何一种单独存在时的吸附量要大；在黄河地表水试验中，共存离子 Fe^{3+} 存在时和 Fe^{3+}、Mn^{2+} 共存时均表现为降低了泥沙对 As 的吸附，而共存离子 Mn^{2+} 存在时提高了泥沙对 As 的吸附，Fe^{3+} 和 Mn^{2+} 共存时较任何一种单独存在时的吸附量要低，这个现象与使用去离子水和深井侧渗水的试验结果相反，说明 Fe^{3+} 和 Mn^{2+} 共存时，由于地表水水质不同而使其表现出相反的规律，由此进一步说明在不同原水水质中各种离子的存在对吸附产生影响；三种原水中，去离子水单位泥沙吸附量均远高于其他两种水源。

（2）三种水源共存离子存在时泥沙吸附 As 的吸持特性均表现为：在 5～25kg/m³ 泥沙浓度范围内，吸持率随泥沙浓度的增大而增大，而单位泥沙吸附量却相反，表明低泥沙浓度的水沙体系中单位质量泥沙吸对 As（Ⅲ）污染

物的吸持更为有利。

 ## 9.5　泥沙颗粒吸附 As 微观形貌变化及表面特性研究

（1）同一水源，吸附后的泥沙颗粒表面的孔隙因被填充而减少，同时污染物在颗粒表面相互聚集、桥接形成各种形状聚合物和孔隙；不同水源，黄河地表水和黄河侧渗水由于本身水体中含有各种有机和无机污染物，泥沙吸附的污染物更多样，从而使泥沙颗粒表面形貌更复杂，其中黄河侧渗水对泥沙吸附后的形貌影响较大；同时由于水流的作用下发生迁移过程中受到的作用力，会导致泥沙颗粒的形貌结构也各不相同。

（2）当 As、Fe^{3+} 存在时，共存离子 Fe^{3+} 会使泥沙颗粒样品小孔径数量增加，从物理的角度来说，吸附过程是孔隙被填充的机制；在填充过程中，产生许多微小的孔隙，导致比表面积增加。随着吸附量的增加，松散的微小孔隙会逐渐紧实，此时比表面积和总孔体积的增加会减缓，并趋于稳定；在泥沙表面形貌变化过程中 Mn^{2+} 起主要作用，同时 Mn^{2+} 会改变泥沙的表面形貌而导致泥沙吸附能力减弱，泥沙形貌的改变对 As 吸附量的影响较大；元素的含量与探测区域的形貌有关，颗粒表面不同区域有不同的形貌结构，吸附污染物的能力也因此不同。

参 考 文 献

[1] 胡国华，赵沛伦，肖翔群. 黄河泥沙特性及对水环境的影响 [J]. 水利水电技术，2004 (8)：17 - 20.

[2] 陈静生，余涛. 对黄河泥沙与水质关系的研究：回顾及展望 [J]. 北京大学学报（自然科学版），2005, 41 (6)：950 - 956.

[3] Chwirka JD，Thomson BM，Stomp Ⅲ JM. Removing arsenic from groundwater [J]. American Water Works Association Journal，2000，92 (3)：79.

[4] 王海东，方凤满，谢宏芳. 中国水体重金属污染研究现状与展望 [J]. 广东微量元素科学，2010, 17 (1)：14 - 18.

[5] Ferguson JF，Gavis J. A review of the arsenic cycle in natural waters [J]. Water research，1972，6 (11)：1259 - 1274.

[6] 何金平. 泥沙在天然水体中的吸附作用 [J]. 江苏环境科技，2006（增刊 2）：89 - 91.

[7] 李然，李嘉，赵文谦. 水环境中重金属污染研究概述 [J]. 四川环境，1997 (1)：19 - 23.

[8] 王靖宇，方红卫，黄磊，等. 重金属随泥沙迁移过程的数学模型 [J]. 水科学进展，2014 (2)：225 - 232.

[9] 何用. 水沙过程与河流生态环境作用初步研究 [D]. 武汉：武汉大学，2005.

[10] Hoerner G. Remove of arsenic experiences of commercial plants [J]. DVGW - Schriftenr，Wasser. 1993，82：189.

[11] 提芸，张旭，佟迪，等. 砷污染的危害及除砷方法探讨 [J]. 辽宁化工，2008，263 (9)：629 - 631.

[12] 傅丛，姜英，白向飞. 燃煤砷危害及相关标准中砷含量限值指标探讨 [J]. 煤质技术，2009，159 (6)：39 - 42.

[13] 孙剑辉，柴艳，王国良，等. 黄河泥沙对水质的影响研究进展 [J]. 泥沙研究，2010 (1)：72 - 80.

[14] 赵沛伦. "泥沙对黄河水质的影响及重点河段水污染控制的研究"综述 [J]. 人民黄河，1996 (7)：15 - 18.

[15] 唐洪武，袁赛瑜，肖洋. 河流水沙运动对污染物迁移转化效应研究进展 [J]. 水科学进展，2014 (1)：139 - 147.

[16] 张坤. 污染底泥对上覆水体水质影响研究 [D]. 上海：上海大学，2011.

[17] 曾永，周艳丽，李群，等. 黄河水体中泥沙与污染物迁移转化关系探讨 [J]. 人民黄河，2006 (11)：28 - 29，32.

[18] 王兆印，王文龙，田世民. 黄河流域泥沙矿物成分与分布规律 [J]. 泥沙研究，2007 (5)：1 - 8.

[19] 刘东生，等. 黄河中游黄土 [M]. 北京：科学出版社，1964.

[20] 刘东生，等. 黄土的物质成分和结构 [M]. 北京：科学出版社，1966.

[21] 邓焕广，张菊，王倩. 引黄对徒骇河城区段的水质影响 [J]. 安徽农业科学，2007 (31)：10024 - 10025.

[22] 杨作升. 黄河、长江、珠江沉积物中黏土的矿物组合、化学特征及其与物源区气候环境的关系 [J]. 海洋与湖沼，1988 (4)：336 - 346.

[23] 何良彪，刘秦玉. 黄河与长江沉积物中粘土矿物的化学特征 [J]. 科学通报，1997 (7)：730 - 734.

[24] 吕保义，张勇，邹强. 黄河泥沙中污染物浓度的分析 [J]. 内蒙古水利，2005 (4)：11 - 12.

[25] 范德江，杨作升，王文正. 长江、黄河沉积物中碳酸盐组成及差异 [J]. 自然科学进展，2002 (1)：62 - 66.

[26] 阴文杰. 利用黄河淤沙制备水处理填料的研究 [D]. 济南：山东大学，2012.

[27] 高宏，暴维英，冯化涛. 黄河泥沙对重金属吸附与解吸特性的研究 [J]. 人民黄河，1996 (7)：19 - 20，8.

[28] 李洪，李嘉，李克锋，等. 泥沙的分形表面和分形吸附模型 [J]. 水利学报，2003 (3)：14 - 18.

[29] 陈豪，左其亭，窦明. 河流底泥重金属污染研究进展 [J]. 人民黄河，2014 (5)：71 - 75.

[30] 陈静生，洪松，王立新，等. 中国东部河流颗粒物的地球化学性质 [J]. 地理学报，2000 (4)：417 - 427.

[31] 车越，何青，吴阿娜. 河口泥沙再悬浮对悬沙中重金属元素的影响 [J]. 长江流域资源与环境，2003 (5)：440 - 444.

[32] 禹雪中，杨志峰，钟德钰，等. 河流泥沙与污染物相互作用数学模型 [J]. 水利学报，2006 (1)：10 - 15.

[33] 刘博，杨爱. 多泥沙河流中泥沙与污染物相互作用机理研究进展 [J]. 江苏环境科技，2007，89 (增刊2)：101 - 103.

[34] 胡国华，李鸿业，赵沛伦，等. 黄河多泥沙水体石油污染物自净试验研究 [J]. 水资源保护，2000 (4)：31 - 32，44.

[35] 尹艳华，徐文国. 黄河泥沙对硝基氯苯的吸附机理研究 [J]. 水科学进展，2005 (2)：164 - 168.

[36] 孟丽红，夏星辉，余晖，等. 多环芳烃在黄河水体颗粒物上的表面吸附和分配作用特征 [J]. 环境科学，2006 (5)：892 - 897.

[37] 黄岁梁，万兆惠. 河流泥沙吸附-解吸重金属污染物试验研究现状（一）[J]. 水利水电科技进展，1995 (1)：26 - 31.

[38] 黄岁梁，万兆惠. 河流泥沙吸附-解吸重金属污染物试验研究现状（二）[J]. 水利水电科技进展，1995 (2)：28 - 32.

[39] 贾晓凤，应一梅，李悦，等. 黄河泥沙与重金属污染物相互作用研究现状 [J]. 人民黄河，2010 (8)：50 - 51.

[40] 严刚刚. 三峡库区重庆典型弯道段泥沙与重金属污染物关系研究 [D]. 重庆：重庆交通大学，2014.

[41] Forster U WGTW. Metal pollution in the aquatic environment [M]. 2nd edi-

tion. Spinger – Verlag，1981.

[42] 贾晓凤，应一梅，李悦，等. 黄河泥沙与重金属污染物相互作用研究现状 [J]. 人民黄河，2010，32（8）：50 – 51.

[43] 黄岁梁，万兆惠，王兰香. 不同粒径泥沙解吸重金属污染物静态试验研究 [J]. 水动力学研究与进展（A辑），1995（2）：204 – 213.

[44] 赵蓉，倪晋仁，孙卫玲，等. 黄河中游泥沙对铜离子的吸持行为研究 [J]. 环境科学学报，2003（4）：441 – 446.

[45] 黄敏. 泥沙对总磷的吸附与释放研究及总磷含量预测 [D]. 重庆：重庆交通大学，2009.

[46] 李北罡，刘培怡. 黄河上游沉积物中磷的存在形态及生物可利用性 [J]. 农业环境科学学报，2012，31（1）：185 – 191.

[47] 武福平，王颖超，颜晓飞，等. 黄河兰州段悬移质泥沙对氨氮的吸附特性 [J]. 环境工程学报，2014，8（8）：3201 – 3207.

[48] 陈亚平. 利用电吸附技术去除饮用水中痕量镉和砷的研究 [D]. 湖南：湖南农业大学，2014.

[49] 丁爱中，陈海英，程莉蓉，等. 地下水除砷技术的研究进展 [J]. 安徽农业科学，2008（27）：11979 – 11982.

[50] Hokkanen S，Repo E，Lou S，et al. Removal of arsenic（V）by magnetic nanoparticle activated microfibrillated cellulose [J]. Chemical Engineering Journal，2015，260：886 – 894.

[51] 陈德林，姚志麒，陆运成. 水和废水的除砷方法 [J]. 上海环境科学，1987（11）：73 – 75.

[52] 黄妙珍. 除砷方法的综述 [J]. 环境，2008（增刊1）：10 – 11，9.

[53] 李树猷，黄承武. 饮水除砷方法 [J]. 中国地方病学杂志，1987（4）：57 – 60，8.

[54] 刘建国，卢学实，曾虹燕. 水体系中砷污染及除砷方法探讨 [J]. 湖南环境生物职业技术学院学报，2002（2）：119 – 122.

[55] 马文成，孙靖，刘晓化，等. 饮水除砷方法的研究进展 [J]. 中国地方病防治杂志，2004（5）：284 – 285.

[56] 丁松君，王业光，林宝启. 沉淀法净化含砷废水 [J]. 江西冶金，1982（2）：32 – 35，7.

[57] 姜利. 高锰酸钾预氧化-新生态铁联用去除 As（Ⅲ）的效能及机理 [D]. 哈尔滨：哈尔滨工业大学，2008.

[58] 张竹君. 臭氧预氧化和混凝组合工艺去除饮用水中砷的研究 [D]. 合肥：安徽建筑工业学院，2011.

[59] 焦中志. 无机稀土基吸附剂对饮用水中氟、砷的吸附研究 [D]. 长春：东北师范大学，2002.

[60] 胡琳. 改性活性炭吸附去除氟硅酸中砷的研究 [D]. 贵阳：贵州大学，2008.

[61] 刘瑞霞，王亚雄，汤鸿霄. 新型离子交换纤维去除水中砷酸根离子的研究 [J]. 环境科学，2002（5）：88 – 91.

[62] 胡天觉，曾光明，陈维平，等. 选择性高分子离子交换树脂处理含砷废水 [J]. 湖南大学学报（自然科学版），1998（6）：76 – 81.

［63］ 顾伟，朱建耀. 膜分离技术及其在污水处理中的应用［J］. 哈尔滨职业技术学院学报，2007，75（5）：117－118.

［64］ 豆洁. 络合超滤去除原水中的砷的研究［D］. 昆明：昆明理工大学，2012.

［65］ Harisha RS，Hosamani KM，Keri RS，et al. Arsenic removal from drinking water using thin film composite nanofiltration membrane［J］. Desalination，2010，252（1－3）：75－80.

［66］ 夏圣骥，高乃云，张巧丽，等. 纳滤膜去除水中砷的研究［J］. 中国矿业大学学报，2007，157（4）：565－568.

［67］ 吴水波. 混凝-微滤工艺的饮用水除砷研究［D］. 天津：天津大学，2007.

［68］ 白艳. 壳聚糖絮凝-超滤法去除水中微量砷［D］. 天津：天津大学，2007.

［69］ Shih M－C. An overview of arsenic removal by pressure－drivenmembrane processes［J］. Desalination，2005，172（1）：85－97.

［70］ Iqbal J，Kim H－J，Yang J－S，et al. Removal of arsenic from groundwater by micellar－enhanced ultrafiltration（MEUF）［J］. Chemosphere，2007，66（5）：970－976.

［71］ Ghurye G，Clifford D，Tripp A. Iron coagulation and direct microfiltration to remove arsenic from groundwater［J］. Journal（American Water Works Association），2004，96（4）：143－152.

［72］ 曲丹，王军，侯得印，等. 膜蒸馏去除水中砷的研究［J］. 环境工程学报，2009，3（1）：6－10.

［73］ 姜海钰，荆玉姝，高莹，等. 活性氧化铝吸附水中砷的动态试验研究［J］. 青岛理工大学学报，2014（2）：53－58.

［74］ 廉佩佩. $Fe_3O_4－MnO_2$ 磁性纳米盘吸附剂的制备及除砷（Ⅲ）效能研究［D］. 哈尔滨：哈尔滨工业大学，2013.

［75］ 马红梅. 微污染饮用水源中砷及几种重金属离子的吸附分离过程研究［D］. 上海：同济大学，2007.

［76］ 莫静，刘雳，陈岑丽，等. 树脂吸附法去除地黄水煎液中重金属砷［J］. 中国现代应用药学，2014（10）：1190－1194.

［77］ 苏颖，李长胜. 天然改性吸附滤料去除饮用水中低浓度砷的工艺技术方法研究［C］// 2015年中国环境科学学会学术年会论文集（第二卷）. 中国环境科学学会，2015.

［78］ 王正兴. 含砷污水的混凝-氧化-吸附处理研究［D］. 昆明：昆明理工大学，2009.

［79］ 左俊辉. 负载型 Mn/TiO_2 对砷（Ⅲ）的太阳光催化氧化和吸附研究［D］. 广州：广东工业大学，2013.

［80］ Glocheux Y，Pasarín MM，Albadarin AB，et al. Removal of arsenic from groundwater by adsorption onto an acidified laterite by－product［J］. Chemical Engineering Journal，2013，228：565－574.

［81］ Huang G，Chen Z，Wang J，et al. Adsorption of arsenite onto a soil irrigated by sewage［J］. Journal of Geochemical Exploration，2013，132：164－172.

［82］ Seco－Reigosa N，Peña－Rodríguez S，Nóvoa－Muñoz JC，et al. Arsenic，chromium and mercury removal using mussel shell ash or a sludge/ashes waste mixture［J］. Environmental Science and Pollution Research，2013，20（4）：2670－2678.

［83］ Renkou X，Yong W，Tiwari D，et al. Effect of ionic strength on adsorption of As

（Ⅲ） and As （Ⅴ） on variable charge soils ［J］. Journal of Environmental Sciences，2009，21 （7）：927 - 932.

［84］ 吕升奇. 利用泥沙治理水体污染的初步研究 ［D］. 南京：河海大学，2004.

［85］ 陈志和. 泥沙吸附重金属铜离子后表面形貌及结构特征研究 ［D］. 北京：清华大学，2008.

［86］ 方涛，张晓华，肖邦定，等. 水体悬移质对重金属吸附规律研究：以长江宜昌段为例 ［J］. 长江流域资源与环境，2001，10 （2）：185 - 191.

［87］ Jin S，He J，Zheng Y，et al. Adsorption of heavy metals by biogenic manganese oxides ［J］. Acta Scientiae Circumstantiae，2009，29：132 - 139.

［88］ Oliveira FMd，Marchioni C，Barros JAVdA，et al. Assessment of cadmium and iron adsorption in sediment，employing a flow injection analysis system with on line filtration and detection by flame atomic absorption spectrometry and thermospray flame furnace atomic absorption spectrometry ［J］. Analytica Chimica Acta，2014，809：82 - 87.

［89］ Vernon JD，Bonzongo JC. Volatilization and sorption of dissolved mercury by metallic iron of different particle sizes：implications for treatment of mercury contaminated water effluents ［J］. J Hazard Mater，2014，276：408 - 414.

［90］ Terbouche A，Ramdane - Terbouche CA，Hauchard D，et al. Evaluation of adsorption capacities of humic acids extracted from Algerian soil on polyaniline for application to remove pollutants such as Cd （Ⅱ），Zn （Ⅱ） and Ni （Ⅱ） and characterization with cavity microelectrode ［J］. Journal of Environmental Sciences，2011，23 （7）：1095 - 1103.

［91］ Krishnan KA，Anirudhan T. Removal of cadmium （Ⅱ） from aqueous solutions by steam - activated sulphurised carbon prepared from sugar - cane bagasse pith：Kinetics and equilibrium studies ［J］. Water Sa，2003，29 （2）：147 - 156.

［92］ Duddridge JE，Wainwright M. Heavy metals in river sediments—calculation of metal adsorption maxima using Langmuir and Freundlich isotherms ［J］. Environmental Pollution Series B，Chemical and Physical，1981，2 （5）：387 - 397.

［93］ Fisher - Power LM，Cheng T，Rastghalam ZS. Cu and Zn adsorption to a heterogeneous natural sediment：Influence of leached cations and natural organic matter ［J］. Chemosphere，2016，144：1973 - 1979.

［94］ Jin Q，Yang Y，Dong X，et al. Site energy distribution analysis of Cu （Ⅱ） adsorption on sediments and residues by sequential extraction method ［J］. Environmental Pollution，2016，208：450 - 457.

［95］ Lin J - G，Chen S - Y. The relationship between adsorption of heavy metal and organic matter in river sediments ［J］. Environment International，1998，24 （3）：345 - 352.

［96］ 金相灿，徐南妮，吴淑岱. 湘江水体系中悬浮沉积物对镉、铜、砷和汞的吸附特征研究 ［J］. 环境科学与技术，1986 （2）：2 - 6.

［97］ 敖亮，单保庆，张洪，等. 三门峡库区河流湿地沉积物重金属赋存形态和风险评价 ［J］. 环境科学，2012 （4）：1176 - 1181.

［98］ 陈静生，王飞越，宋吉杰，等. 中国东部河流沉积物中重金属含量与沉积物主要性

质的关系 [J]. 环境化学，1996（1）：8-14.

[99] 赵沛伦，申献辰，夏军，等. 泥沙对黄河水质影响及重点河段水污染控制 [M]. 郑州：黄河水利出版社，1998.

[100] 李利民，郭益群，胡青. 黄河泥沙对某些重金属离子的特性吸附及影响因素研究 [J]. 环境科学研究，1994（5）：12-16.

[101] 路永正，阎百兴. 重金属在松花江沉积物中的竞争吸附行为及 pH 的影响 [J]. 环境科学研究，2010（1）：20-25.

[102] 杨超，杨振东，聂玉伦，等. 北运河表层沉积物对重金属 Cu、Pb、Zn 的吸附 [J]. 环境工程学报，2012（10）：3438-3442.

[103] 任加国，武倩倩. 海洋沉积物对重金属吸附特性研究 [J]. 海洋环境科学，2010（4）：469-472.

[104] 任加国，武倩倩. 黄河口海域沉积物对重金属的吸附 [J]. 海洋地质与第四纪地质，2009（4）：129-133.

[105] Jose J, Giridhar R, Anas A, et al. Heavy metal pollution exerts reduction/adaptation in the diversity and enzyme expression profile of heterotrophic bacteria in Cochin estuary, India [J]. Environmental Pollution, 2011, 159 (10)：2775-2780.

[106] Koivula MJ, Kanerva M, Salminen JP, et al. Metal pollution indirectly increases oxidative stress in great tit (Parus major) nestlings [J]. Environmental Research, 2011, 111 (3)：362-370.

[107] XIA J, YU L, REN H. Analysis of the Effect Factors When Using Nature Sand to Remove Heavy Metal from Water Body [J]. Journal of Basic Science and Engineering, 2011（增刊 1）.

[108] Hyun S, Lee LS. Soil attenuation of As（Ⅲ，Ⅴ）and Se（Ⅳ，Ⅵ）seepage potential at ash disposal facilities [J]. Chemosphere, 2013, 93 (9)：2132-2139.

[109] Kong S, Wang Y, Hu Q, et al. Magnetic nanoscale Fe-Mn binary oxides loaded zeolite for arsenic removal from synthetic groundwater [J]. Colloids and Surfaces A：Physicochemical and Engineering Aspects, 2014, 457：220-227.

[110] Liang Q, Zhao D. Immobilization of arsenate in a sandy loam soil using starch-stabilized magnetite nanoparticles [J]. J Hazard Mater, 2014, 271：16-23.

[111] Nitzsche KS, Weigold P, Lösekann-Behrens T, et al. Microbial community composition of a household sand filter used forarsenic, iron, and manganese removal from groundwater in Vietnam [J]. Chemosph ere, 2015, 138：47-59.

[112] Salameh Y, Albadarin AB, Allen S, et al. Arsenic（Ⅲ，Ⅴ）adsorption onto charred dolomite：Charring optimization and batch studies [J]. Chemical Engineering Journal, 2015, 259：663-671.

[113] Zhang C, Shan C, Jin Y, et al. Enhanced removal of trace arsenate by magnetic nanoparticles modified with arginine and lysine [J]. Chemical Engineering Journal, 2014, 254：340-348.

[114] Zhai H, Li Y. The study of the experimental model of adsorption on clay minerals of trivalence arsenic in groundwater [J]. Chinese Journal of Geochemistry, 2006, 25：119.

[115] Freikowski D，Neidhardt H，Winter J，et al. Effect of carbon sources and of sulfate on microbial arsenic mobilization in sediments of West Bengal，India [J]. Ecotoxicology and Environmental Safety，2013，91：139 – 146.

[116] Aksentijević S，Kiurski J，Vasić MV. Arsenic distribution in water/sediment system of Sevojno [J]. Environmental Monitoring and Assessment，2012，184（1）：335 – 341.

[117] Yang H，He M. Adsorption of methylantimony and methylarsenic on soils，sediments，and mine tailings from antimony mine area [J]. Microchemical Journal，2015，123：158 – 163.

[118] Ma J，Guo H，Lei M，et al. Arsenic Adsorption and its Fractions on Aquifer Sediment：Effect of pH，Arsenic Species，and Iron/Manganese Minerals [J]. Water，Air & Soil Pollution，2015，226（8）：1 – 15.

[119] Nitzsche KS，Lan VM，Trang PTK，et al. Arsenic removal from drinking water by a household sand filter in Vietnam：effect of filter usage practices on arsenic removal efficiency and microbiological water quality [J]. Science of the Total Environment，2015，502：526 – 536.

[120] Mandal S，Majumder N，Chowdhury C，et al. Adsorption kinetic control of As（Ⅲ & Ⅴ）mobilization and sequestration by Mangrove sediment [J]. Environmental Earth Sciences，2012，65（7）：2027 – 2036.

[121] Yang C，Li S，Liu R，et al. Effect of reductive dissolution of iron（hydr）oxides on arsenic behavior in a water – sediment system：First release，then adsorption [J]. Ecological Engineering，2015，83：176 – 183.

[122] Das B，Devi RR，Umlong IM，et al. Arsenic（Ⅲ）adsorption on iron acetate coated activated alumina：thermodynamic，kinetics and equilibrium approach [J]. Journal of Environmental Health Science and Engineering，2013，11（1）：42.

[123] Allen SJ，Gan Q，Matthews R，et al. Kinetic modeling of the adsorption of basic dyes by kudzu [J]. Journal of Colloid and Interface Science，2005，286（1）：101 – 109.

[124] 郝艳玲，范福海. 坡缕石黏土吸附 Cu^{2+} 的动力学 [J]. 硅酸盐学报，2010，38（11）：2138 – 2142.

[125] 王宇，高宝玉，岳文文，等. 改性玉米秸秆对水中磷酸根的吸附动力学研究 [J]. 环境科学，2008（3）：703 – 708.

[126] 朱江涛，黄正宏，康飞宇，等. 活性竹炭对苯酚的吸附动力学 [J]. 新型炭材料，2008，23（4）：326 – 330.

[127] Shipley HJ，Yean S，Kan AT，et al. A sorption kinetics model for arsenic adsorption to magnetite nanoparticles [J]. Environmental Science and Pollution Research，2010，17（5）：1053 – 1062.

[128] 杨祖保，马丽萍，宁平，等. 吸附剂原理与应用 [M]. 北京：高等教育出版社，2010.

[129] 杨华. 硅镁胶的制备表征及其吸附性能研究 [D]. 青岛：中国海洋大学，2013.

[130] 张利波. 烟杆基活性炭的制备及吸附处理重金属废水的研究 [D]. 昆明：昆明理工大学，2007.

[131] 丁世敏，封享华，汪玉庭，等. 交联壳聚糖多孔微球对染料的吸附平衡及吸附动力

学分析 [J]. 分析科学学报, 2005 (2): 127-130.

[132] 傅正强. 靖远凹凸棒石吸附水溶液中 Cd (Ⅱ) 性能的研究 [D]. 兰州: 兰州交通大学, 2013.

[133] McKay G, Ho Y, Ng J. Biosorption of copper from waste waters: a review [J]. Separation and Purification Methods, 1999, 28 (1): 87-125.

[134] Febrianto J, Kosasih AN, Sunarso J, et al. Equilibrium and kinetic studies in adsorption of heavy metals using biosorbent: a summary of recent studies [J]. Journal of Hazardous Materials, 2009, 162 (2): 616-645.

[135] Ho Y-S. Absorption of heavy metals from waste streams by peat [D]. University of Birmingham, 1995.

[136] Ho Y-S, McKay G. The kinetics of sorption of divalent metal ions onto sphagnum moss peat [J]. Water Research, 2000, 34 (3): 735-742.

[137] Azizian S. Kinetic models of sorption: a theoretical analysis [J]. Journal of Colloid and Interface Science, 2004, 276 (1): 47-52.

[138] Plazinski W, Rudzinski W, Plazinska A. Theoretical models of sorption kinetics including a surface reaction mechanism: a review [J]. Advances in Colloid and Interface Science, 2009, 152 (1): 2-13.

[139] Ho Y, McKay G. Comparative sorption kinetic studies of dye and aromatic compounds onto fly ash [J]. Journal of Environmental Science & Health Part A, 1999, 34 (5): 1179-1204.

[140] Ho Y, Wase DJ, Forster C. Batch nickel removal from aqueous solution by sphagnum moss peat [J]. Water Research, 1995, 29 (5): 1327-1232.

[141] Hochella MF, Moore JN, Golla U, et al. A TEM study of samples from acid mine drainage systems: Metal-mineral association with implications for transport [J]. Geochimica et Cosmochimica Acta, 1999, 63 (19): 3395-3406.

[142] Van Berkel J, Beckett R. Determination of adsorption characteristics of the nutrient orthophosphate to natural colloids by sedimentation field-flow fractionation [J]. Journal of Chromatography A, 1996, 733 (1): 105-117.

[143] Palumbo B, Bellanca A, Neri R, et al. Trace metal partitioning in Fe-Mn nodules from Sicilian soils, Italy [J]. Chemical Geology, 2001, 173 (4): 257-269.

[144] Donald AM. The use of environmental scanning electron microscopy for imaging wet and insulating materials [J]. Nature Materials, 2003, 2 (8): 511-516.

[145] Buzio R, Boragno C, Biscarini F, et al. The contact mechanics of fractal surfaces [J]. Nature Materials, 2003, 2 (4): 233-236.

[146] House WA, Denison FH. Exchange of inorganic phosphate between river waters and bed-sediments [J]. Environmental Science & Technology, 2002, 36 (20): 4295-4301.

[147] Mandelbrot BB. The fractal geometry of nature [M]. Macmillan, 1983.

[148] Pfeifer P, Avnir D. Chemistry in noninteger dimensions between two and three. I. Fractal theory of heterogeneous surfaces [J]. The Journal of Chemical Physics, 1983, 79 (7): 3558-3565.

[149] 张静. 黄河下游花园口至夹河滩段含沙量过程预报方法研究 [D]. 西安: 西安理

工大学，2007.

[150] 陈晨，刘兴达，李午阳. 黄河流域花园口段水质水量及水资源保护方法探析 [J].
科技传播，2010（14）：128，132.

[151] 赵彦琦，杨英. 黄河花园口河段水沙及环境现状分析 [J]. 河南理工大学学报（自
然科学版），2008（5）：604 - 607.

[152] 张辽辽，井研. 基于 cebers 的花园口段黄河河道游荡性分析 [J]. 科技致富向导，
2011（29）：35 - 36.

[153] 楚纯洁，耿鹏旭，赵聪. 黄河花园口断面水沙变化特征及趋势分析 [J]. 泥沙研
究，2011（5）：39 - 44.

[154] 张丽，孙建奇，田勇，等. 黄河花园口以上蓄水工程新增蒸发损失分析 [J]. 人民
黄河，2014（7）：95 - 96，99.

[155] 潘启民，曾令仪，张春岚. 黄河流域与地表水不重复的地下水资源特征分析 [J].
人民黄河，2005（2）：13 - 14.

[156] 孙浩，王建中，郗金娥，等. 2000—2008 年黄河流域（片）地表水资源质量变化
分析 [J]. 河南师范大学学报（自然科学版），2011（2）：87 - 90.

[157] 李春晖，杨志峰. 黄河流域地表水资源可再生性评价 [J]. 干旱区资源与环境，
2005（1）：1 - 6.

[158] 李林，汪青春，张国胜，等. 黄河上游气候变化对地表水的影响 [J]. 地理学报，
2004（5）：716 - 722.

[159] 周孝德. 河流泥沙随机吸附理论及试验研究 [J]. 水利学报，1993（1）：61 - 67.

[160] 王荔娟，胡恭任. 土壤/沉积物中汞污染地球化学及污染防治措施研究 [J]. 岩石
矿物学杂志，2007（5）：453 - 461.

[161] 黄岁梁，万兆惠，张朝阳，等. 不同粒径泥沙共存对镉的平衡吸附模式研究 [J].
水利学报，1994（12）：37 - 46.

[162] 弓晓峰，杨丽珍，荣亮. 赣江泥沙对 Cu^{2+} 的吸附作用研究 [J]. 南昌大学学报
（工科版），2010，32（2）：118 - 121.

[163] Wang X，Wang A. Removal of Cd（II）from aqueous solution by a composite hydro-
gel based on attapulgite [J]. Environmental technology，2010，31（7）：745 - 753.

[164] Chen L，Gao B，Lu S，et al. Sorption study of radionickel on attapulgite as a func-
tion of pH，ionic strength and temperature [J]. Journal of Radioanalytical and Nu-
clear Chemistry，2011，288（3）：851 - 858.

[165] 马伟. 固水界面化学与吸附技术 [M]. 北京：冶金工业出版社，2011.

[166] Wu F C，Tseng R L，Juang R S. Comparisons of porous and adsorption properties of
carbons activated by steam and KOH [J]. Journal of Colloid and Interface Science，
2005，283（1）：49 - 56.

[167] Mohan SV，Rao NC，Karthikeyan J. Adsorptive removal of direct azo dye from aque-
ous phase onto coal based sorbents：a kinetic and mechanistic study [J]. Journal of
Hazardous Materials，2002，90（2）：189 - 204.